化学工业出版社"十四五"普通高等教育规划教材

普通高等教育一流本科课程建设成果教材

水力学基础

BASIC HYDRAULICS

孙海霞　主编
李明飞　于贺　副主编

U0231463

化学工业出版社

·北京·

内容简介

《水力学基础》共 8 章，主要内容包括：绪论，水静力学，水动力学，水流形态与水头损失，孔口、管嘴出流和有压管流，明渠流动，堰流，渗流等内容。为了帮助读者学习和巩固，各章均有思维导图、本章小结和习题，同时借助信息化手段配有在线测试题以及演示实验动画。

本书适用于少学时的水力学课程教学，适合土木类专业、水利类专业、工程管理类专业及其他相关专业师生教学使用。

图书在版编目（CIP）数据

水力学基础 / 孙海霞主编；李明飞，于贺副主编
. 一北京：化学工业出版社，2022.6（2025.3 重印）
ISBN 978-7-122-41353-6

Ⅰ. ①水⋯ Ⅱ. ①孙⋯ ②李⋯ ③于⋯ Ⅲ. ①水力学
－高等学校－教材 Ⅳ. ①TV13

中国版本图书馆 CIP 数据核字（2022）第 086686 号

责任编辑：刘丽菲
责任校对：赵懿桐
装帧设计：李子姮

出版发行：化学工业出版社（北京市东城区青年湖南街13号 邮政编码100011）
印　　装：北京科印技术咨询服务有限公司数码印刷分部
787mm×1092mm　1/16　印张10½　字数252千字
2025年3月北京第1版第2次印刷

购书咨询：010-64518888
售后服务：010-64518899
网　　址：http://www.cip.com.cn
凡购买本书，如有缺损质量问题，本社销售中心负责调换。

定　　价：49.80元　　　　　　　　版权所有　违者必究

前言

国家建设事业的发展给土木类专业及相关专业提供了广阔的发展空间，同时对土木类专业及相关专业人才的培养提出了新的要求。目前，土木类专业教育转向为厚基础、宽口径的大土木模式，而对于"水力学"课程来讲，面临学时减少而教学内容多的矛盾。为满足"大土木"的教学要求，编者编写了《水力学基础》教材，以短学时教学需求为特点，借助信息化手段，深入浅出地介绍水力学的基本概念、基本原理及其在工程中的应用。

《水力学基础》主要内容包括：绪论，水静力学，水动力学，水流形态与水头损失，孔口、管嘴出流和有压管流，明渠流动，堰流，渗流等内容。为了帮助读者学习和巩固，各章均有思维导图、本章小结和习题。

水力学是实用性较强的一门专业基础课，本书的编写注重专业知识与思政教育有机融合，并配有 CAI 课件、实验动画、在线测试题等，激发学生对水力学的学习兴趣。

本教材是在教育部产学合作协同育人项目："'互联网+'模型下'水力学'课程教学改革研究"和教育部产学合作协同育人项目"土木工程路桥课程群实践条件与实践基地建设"两个项目的资助下完成的。本课程于 2021 年被确定为校级一流本科建设课程。

全书共 8 章，第 1 章、第 2 章和第 3 章由于贺编写；第 4 章、第 5 章和第 6 章由孙海霞编写；第 7 章由辽宁奥路通科技有限公司姚卓编写；第 8 章由李明飞编写。全书由孙海霞统稿。

由于编者水平有限，书中疏漏在所难免，敬请批评指正。

编者

2022年4月

目录

第1章
绪论

 本章要点

○ 连续介质和理想流体的概念。

○ 流体的基本特征和主要物理性质，特别是流体的黏滞性和牛顿内摩擦定律及其应用条件。

○ 作用在流体上的两种力。

南水北调工程是优化水资源配置、促进区域协调发展的基础性工程，是新中国成立以来投资最大、涉及面最广的战略性工程，事关中华民族长远发展，具有重大的社会意义、经济意义和生态意义。南水北调工程在设计施工的过程中，用到了水力学知识。

 讨论　水力学主要研究什么？水力学课程性质是什么？水力学发展历程是什么？

水力学是一门应用性很强的专业基础课程，其主要研究液体机械运动规律及其应用。根据水力学课程的开设现状，本课程在经典的水力学理论基础之上，结合工程应用实例，着重培养学生理论联系实际、独立解决工程实际问题的能力。

1.1　水力学的研究内容

1.1.1　水力学的定义、任务

流体力学的研究对象是液体和气体，液体包括水和其他液体，而水力学的研究对象是水。**水力学是力学的一个独立分支，是一门研究流体的平衡和流体机械运动规律及其实际应用的技术科学**。水力学主要基础是牛顿运动定律、质量守恒定律和能量守恒定律，以水为研究对象，又侧重于应用。水力学被广泛应用于土木工程、交通运输、水利工程、环境工程等领域。

水力学的基本任务包括三个方面：一是研究液体宏观机械运动的基本规律（包括静止状态）；二是研究产生上述宏观机械运动的原因；三是研究液体与建筑物之间的相互作用。

1.1.2　水力学的发展概况

水力学作为一门应用时间早，发展迅速的学科，在历史的长河中，为国家的发展做出了不可磨灭的贡献。早在公元前 2300 年大禹治水时将黄河水疏流入海，再到京杭大运河中大量使用的船闸，以及都江堰中设置的平水池和飞沙堰等，都反映了当时的人们对明渠水流、堰流有着一定程度的认识，是中国劳动人民勤劳、勇敢、智慧的结晶。

我国多山多水，在进行水利设施设计和施工时，常用到水力学的相关知识。如拉西瓦水电站的灌溉工程包含的隧洞、渡槽及其他渠系建筑物，黑泉水库的溢洪道、闸门井等设施，从最初的设计、修建，到最后的完工和使用，都离不开水力学理论知识的支撑和保证，水力学在工程实践中占据重要地位。

　拓展阅读　我国著名水利工程。

◆ 大禹治水

大约在 4000 多年前，中国的黄河流域洪水为患，尧命鲧负责领导与组织治水工作。鲧采取"水来土挡"的策略治水。鲧治水失败后由其独子禹主持治水大任。禹首先带着尺、绳等测量工具到中国的主要山脉、河流做了一番考察，发现龙门山口过于狭窄，难以通过汛期洪水；还发现黄河淤积，流水不畅。于是禹大刀阔斧，改"堵"为"疏"。这说明当时对"流量"有一定的认识。

◆ 都江堰

春秋战国末期，秦国蜀郡太守李冰在岷江中游修建了闻名世界的防洪灌溉工程——都江堰。都江堰的修建消除了岷江水患，灌溉了大片土地，使成都平原成为沃野，造福于民。都江堰工程采取中流作堰的方法，把岷江水分为内江和外江，内江供灌溉，外江供分洪，控制了岷江急流，免除了水灾，同时灌溉了农田。这说明当时对"堰流理论"有一定认识。

◆ 郑国渠

郑国渠于公元前 246 年（秦王政元年）由韩国水工郑国在秦国主持穿凿兴建，约 10 年后完工。郑国渠是古代劳动人民修建的一项伟大工程，属于最早在关中建设的大型水利工程，位于今天的陕西省泾阳县西北 25km 的泾河北岸。郑国渠的作用不仅仅在于它发挥灌溉效益的 100 余年，而且还在于首开了引泾灌溉之先河，对后世"引泾灌溉"产生深远的影响。

◆ 灵渠

灵渠位于广西壮族自治区兴安县境内，于公元前 214 年凿成通航。灵渠流向由东向西，将兴安县东面的海洋河（湘江源头，流向由南向北）和兴安县西面的大溶江（漓江源头，流向由北向南）相连，是世界上最古老的运河之一。

◆ 南水北调工程

南水北调工程主要解决我国北方地区，尤其是黄淮海流域的水资源短缺问题。东、中线一期工程干线总长为 2899km。2014 年 12 月 12 日，南水北调中线工程正式通水。工程通水后，不仅提升北京城市供水保障率，还增加北京水资源战略储备，减少使用本地水源地密云水库水量，并将富余来水适时回补地下水。

◆ 三峡工程

三峡工程是当今世界上最大的水利枢纽工程。三峡工程主要有三大效益，即防洪、发电和航运，其中防洪被认为是三峡工程最核心的效益。2008 年，三峡工程开始 175m 试验性蓄水。在三峡工程建成后，其巨大库容所提供的调蓄能力将能使下游荆江地区抵御百年一遇的特大洪水，也有助于洞庭湖的治理和荆江堤防的全面修补。

公元前 250 年，希腊哲学家阿基米德（Archimedes）在《论浮体》一文中首先提出了论述液体平衡规律的定律，以此为标志进入了以纯理论分析为基础的古典流体力学阶段。阿基米德确立了静力学和流体静力学的基本原理，证明了浮力原理，后称阿基米德原理。他还给出正抛物旋转体浮在液体中平衡稳定的判据等。在水文和水力学理论方面，16 世纪早期，达·芬奇最先对漩涡的流速分布、突然扩大断面和尾流漩涡、波浪传播和水跃等进行探讨或描述，他还提出水的连续定律，认识到明渠流的边界阻力，还首先提出关于流线型物体、降落伞、风速表、离心泵等设想。达·芬奇在水利方面的著作有《水的运动与测量》。1586 年，斯蒂文（S. Stevin）发表了《水静力学》，把研究固体的方法用于静止液体中。帕斯卡在 1653 年提出液体能传递压力的定律，即帕斯卡定律，并利用这一原理制成水压机，国际单位制中压力单位以帕斯卡（Pa）姓氏命名。1643 年托里拆利提出了托里拆利公式。1686 年牛顿（Newton）提出了关于液体内摩擦的假定和黏滞性的概念，建立液体的内摩擦定律。1738 年伯努利（D. Bernoulli）建立了理想液体运动的能量方程——伯努利方程。1775 年欧拉（L. Euler）建立了理想液体的运动方程——欧拉运动微分方程。1843—1845 年纳维尔（L. M. H. Navier）和斯托克斯（G. G. Stokes）建立了实际液体的运动方程——纳维尔斯托克斯方程，奠定了古典流体力学的理论基础，使它成为力学的一个分支。斯托克斯于 1851 年提出球体在黏性流体中做较慢运动时受到阻力的计算公式，指明阻力与流速和黏度成比例，这是关于阻力的斯托克斯公式。1852—1855 年达西（H. Darcy）建立了砂土渗流基本定律。古典流体力学采用数学分析方法，在理论上比较严密，但求解困难或某些假设不能符合实际，难以用于解决大部分实际问题。

水力学是为了满足生产和工程上的需要，从大量实验中总结出一些经验公式来表达流动参量之间关系的经验科学。边界层理论使流体动力学与水力学得到统一。边界层理论是由德国人普朗特在 1904 年创立的。1883 年雷诺（O. Renold）通过试验发现了液流两种流态——层流和紊流，1894 年又提出了紊流的基本方程——雷诺方程。我国著名科学家周培源 20 世纪 80 年代奠定了湍流模式理论的基础。

这些科学家在不同时期用他们的辛勤工作，极大地推动了水力学学科的发展，我们应该铭记他们，要有对他们及其所创造的科学成果存有敬畏感，这才是正确的科学态度，继而在自己的科学实践中将这种精神发扬光大。

 拓展阅读　著名水力科学家。

◆ 周培源

周培源在学术上的成就，主要为物理学基础理论的两个重要方面，即爱因斯坦广义相对论中的引力论和流体力学中的湍流理论的研究，奠定了湍流模式理论的基础。在湍流理论方面，20 世纪 30 年代初，周培源认识到湍流场和边界条件关系密切，后来参照广义相对论中把品质作为积分常数的处理方法，求出了雷诺应力等所满足的微分方程。20 世纪 80 年代，周培源将研究结果推广到具有剪切应力的普通湍流运动中去，并引进新的逼近求解方法，以平面湍射流作例子，求得平均运动方程与脉动方程的联立解。经过半个世纪不懈努力，周培源的湍流模式理论体系已相当完整。周培源先生一生向往光明进步，追求真理，以国家独立、民族振兴、社会进步、人民幸福为己任，把毕生精力献给了祖国和人民，献给了科学事业。

◆ 欧拉

欧拉曾任彼得堡科学院教授，是柏林科学院的创始人之一。他是刚体力学和流体力学的奠基者，弹性系统稳定性理论的开创人。他认为质点动力学微分方程可以应用于液体。他曾用两种方法来描述流体的运动，即分别根据空间固定点和根据确定的流体质点描述流体速度场。前者称为欧拉法，后者称为拉格朗日法。欧拉奠定了理想流体的理论基础，给出了反映质量守恒的连续方程和反映动量变化规律的流体动力学方程。欧拉在固体力学方面的著述也很多，诸如弹性压杆失稳后的形状，上端悬挂重链的振动问题等。欧拉的专著和论文多达 800多种。欧拉于 1766 年被查出有白内障的几个星期后，他近乎完全失明。即便如此，病痛并未影响到欧拉的学术生产力。在书记员的帮助下，欧拉在多个领域的研究变得更加高产了。在1775 年，他平均每周就完成一篇数学论文。这种崇尚科学、追求真理、为科学和真理倾其一生的精神值得每一位科学工作者仰慕和学习。

20 世纪以来，随着科技的不断进步，根据不同研究领域的实际需要，水力学得到了空前的发展，并且与其他学科相互渗透，形成了一些新的分支学科，如计算水力学、环境水力学、生态水力学等。生产和生活中也多见水力学的应用。

 拓展阅读　水力学原理在生产和生活中的应用。

◆ 虹吸现象

虹吸式抽水马桶如图 1-1（a）所示，水流方向如图中箭头所示。虹吸式抽水马桶是借冲洗水在坐便器的排污管道（通常称为存水弯道）内充溢水后形成的虹吸现象，将污物排走。虹吸现象由液态分子间引力与位差能形成。

虹吸是利用液面高度差的作用力。将液体充满一根倒 U 形的管（虹吸管）中，将开口高的一端置于装满液体的容器中，容器内的液体会持续通过虹吸管向更低的位置流出，如图 1-1（b）所示。

（a）　　　　　　　　　　　（b）

图 1-1　虹吸

【讨论】生活中还有哪些虹吸现象？请举例并解释原理。

1.2　液体的连续介质模型

讨论　什么是液体的连续介质模型？水力学为什么要引入液体的连续介质模型？

连续介质假设是宏观下水力学的一个基础假设，宏观视角下引入连续介质假设可以大大简化模型，并且得到的结果足以满足实际绝大部分场合的需要。

学习目标

理解连续介质和理想液体的概念。

液体由大量做随机运动的分子组成。从微观角度看，分子之间存在空隙，液体物理量的分布在空间和时间上都是不连续的。如果以液体分子为对象来研究流动，则问题的复杂性大为增加，任何一个物理参数都在急剧变化中。现代物理学指出，常温下，每立方厘米水中，约含 3×10^{22} 个水分子，相邻水分子间距约 3×10^{-8}cm。可见，分子间距相当微小，在很小体积中，包含难以计数的分子。水力学中，把液体当作连续介质，假设液体是一种连续充满其所占据空间的连续体。水力学所研究的液体作为连续介质连续流动。连续介质的概念由瑞士学者欧拉（Euler）于 1753 年首先提出，对水力学发展起到了巨大作用。如果液体视为连续介质，则液体中一切物理量（如速度、压强和密度等）可视为空间（液体所占据空间）坐标和时间的连续函数，研究液体运动时，可利用连续函数分析方法。在连续介质中质点是最小的物质单元，每个质点包含足够的分子并保持着宏观运动的一切特性，但其体积与研究范围相比又非常小，以致可以认为它是液体空间中的一个点。

实践表明，连续介质假说在绝大多数工程实际中具有足够精度，能够满足要求。而对于一些特殊问题，如水流掺气、空化水流等连续介质模型是不适用的。本书的水力学研究是建立在连续介质假说基础之上的。

研究中经常会把液体假设为理想液体，所谓理想液体就是把液体看成是绝对不可压缩、不能膨胀、没有黏滞性、没有表面张力的连续介质。

1.3 液体的基本物理性质

 讨论　与固体相比较，液体具有哪些不同的物理性质？

液体的物理性质主要有密度、黏度、膨胀性、表面张力等。了解了液体的基本物理性质，是为学习水静力学和水动力学等内容打下基础。

 学习目标

理解流体几个主要物理性质的特征和度量方法，重点掌握流体的重力特性、惯性、黏滞性，包括牛顿内摩擦定律及其适用条件。

物质通常有三种存在形态：固体、液体和气体，后两者合称为流体。从宏观角度来说，流体和固体的主要区别在变形方面。固体能保持固定的形状和体积，而液体在静止状态下只能承受压力，不能承受拉力和剪切力。液体和气体的主要区别在于压缩性或膨胀性。液体的压缩性极小，而气体的压缩性和膨胀性要大得多。

1.3.1 惯性、质量和密度

物体具有保持原有运动状态的物理性质，叫作惯性。物体质量越大，其惯性越大。液体单位体积所具有的质量为密度，用 ρ 表示，其国际单位为千克/米^3（kg/m^3）。对于均质液体，假设其质量为 m，体积为 V，则其密度表达式为：

$$\rho = \frac{m}{V} \tag{1-1}$$

对于非均质液体，由连续介质假设可写为：

$$\rho = \lim_{\Delta V \to 0} \frac{\Delta m}{\Delta V} \tag{1-2}$$

式中，Δm 为任意微元的液体质量；ΔV 为任意微元的液体体积。液体的密度随压强和温度而变化，但这种变化一般极微小，故液体的密度可视为常数。不同温度下水的物理性质见

表 1-1。

表1-1　不同温度下水的物理性质

温度 $T/℃$	密度 $\rho/(kg/m^3)$	容重 $\gamma/(kN/m^3)$	动力黏度 $\mu/(\times10^{-3}Pa\cdot s)$	运动黏度 $\nu/(\times10^{-6}m^2/s)$	体积弹性模量 $K/(\times10^9 N/m^2)$	表面张力系数 $\sigma/(N/m)$
0	999.9	9.805	1.781	1.785	2.02	0.0756
5	1000.0	9.807	1.518	1.519	2.06	0.0749
10	999.7	9.804	1.307	1.306	2.10	0.0742
15	999.1	9.798	1.139	1.139	2.15	0.0735
20	998.2	9.789	1.002	1.003	2.18	0.0728
25	997.0	9.777	0.890	0.893	2.22	0.0720
30	995.7	9.764	0.798	0.800	2.25	0.0712
40	992.2	9.730	0.653	0.658	2.28	0.0696
50	988.0	9.689	0.547	0.553	2.29	0.0679
60	983.2	9.642	0.466	0.474	2.28	0.0662
70	977.8	9.589	0.404	0.413	2.25	0.0644
80	971.8	9.530	0.354	0.364	2.20	0.0626
90	965.3	9.466	0.315	0.326	2.14	0.0608
100	958.4	9.399	0.282	0.294	2.07	0.0589

地球上的任何物体都要受到地心引力的作用，这个引力就是重力。设物体的质量为 m，重力加速度为 g，则重力 G 可表示为：

$$G = mg \tag{1-3}$$

重力单位是 N。

单位体积液体的重量称为容重，用 γ 来表示。

$$\gamma = \frac{G}{V} = \frac{mg}{V} = \rho g \tag{1-4}$$

1.3.2　黏滞性和黏度

液体具有易流动性，一旦受到剪切力就会发生连续变形。在这一过程中，液体具有抵抗变形的能力，就是液体的黏滞性。黏滞性是对流动状态下液体抵抗剪切变形速率能力的度量。牛顿在 1686 年提出并经后人大量试验验证的牛顿内摩擦定律，以液体的二元平行直线运动为例来分析黏滞性与抵抗剪切变形的力和液体剪切变形速率之间的关系（见图 1-2）。液体沿固体表面做二元平行直线运动时，流层间的内摩擦力（或称切力）F 的大小与液体的性质有关，并与横向流速梯度 du/dy 和接触面积 A 成正比，而与接触面上的压力无关。其表达式为：

$$F = \mu A \frac{du}{dy} \tag{1-5}$$

将式（1-5）两端同除以 A，可得出单位面积上的内摩擦力（或称为切应力）τ：

$$\tau = \mu \frac{du}{dy} \tag{1-6}$$

008 水力学基础

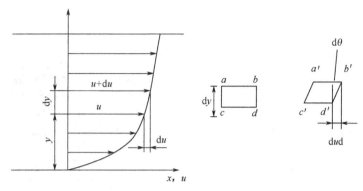

图1-2 液体沿固体壁面做二元平行直线运动

式（1-5）和式（1-6）中的 μ 为比例系数，叫作黏度，又称为动力黏度，单位为 Pa·s。黏度 μ 是黏滞性的度量，μ 值越大，黏滞性作用越强。不同液体的 μ 值各不相同，且随压强和温度的变化而发生改变。液体黏度的大小还可以用 ν（m²/s）来表示：

$$\nu = \frac{\mu}{\rho} \tag{1-7}$$

式中，μ 为液体黏度；ρ 为液体密度。ν 是一个运动学参量，所以被称为运动黏度。不同温度时水的 μ 和 ν 值见表1-1。

应该指出，牛顿的内摩擦定律并不是适用于所有的液体，而是仅适用于如图1-3所示的牛顿流体。凡是符合牛顿内摩擦定律的流体为牛顿流体，而不符合牛顿内摩擦定律的流体为非牛顿流体。图 1-3 中 A 代表的是牛顿流体，如空气、水和乙醇等。B 为宾汉塑性流体，如泥浆、血浆和牙膏等。C 为拟塑性流体，如橡胶、油漆和油画颜料等。D 为膨胀流体，如生面团和淀粉糊等。应用牛顿内摩擦定律解决问题时，应该注意其使用范围。

图1-3 各种液体的切应力与切应变的关系

1.3.3 液体的压缩性与表面张力

当液体承受压力后，体积要缩小，压力撤出后也能恢复原状，这种性质称为液体的弹性或压缩性。

$$\beta = -\frac{\mathrm{d}V/V}{\mathrm{d}p} \tag{1-8}$$

β 的数值越大，液体越容易压缩。由于体积随压强的增大而减小，所以 $\mathrm{d}V/V$ 与 $\mathrm{d}p$ 的符号相反。液体的体积弹性模量 K 是体积压缩系数 β 的倒数，K 值越大，液体越不容易压缩。

$$K = \frac{1}{\beta} = -\frac{\mathrm{d}p}{\mathrm{d}V/V} \tag{1-9}$$

式中，K 的单位是 N/m²。不同温度时水的 K 值见表1-1。

在液体内部，液体分子之间的作用力，即内聚力是相互平衡的。但是在液体与气体交界的自由面上内聚力不能平衡，表面张力是液体自由表面在分子作用半径一薄层内由于分子引力大于斥力而在表层沿表面方向产生的拉力。

液体表面张力的大小与它和何种物质组成交界面有关，它的方向是与自由液面相切的，所以表面张力的大小可以用液体表面上单位长度所受的张力来表示，也就是表面张力系数 σ，单位为 N/m。不同温度下水表面张力系数值见表 1-1。

1.4　作用于液体的力

 讨论　对液体做受力分析，作用于液体的力可能有哪些？以什么样的形式存在？

研究液体的运动，应首先研究作用于液体上的力。从力的物理性质来看，有重力、惯性力、黏滞力、弹性力、摩擦力、表面张力等；按力的作用特点分，有表面力和质量力两大类。

 学习目标

了解质量力、表面力的定义，理解单位面积表面力（压强、切应力）和单位质量力的物理意义。

流体不能承受集中力的作用，只能承受分布力。分布力按表现形式又可以分为质量力和表面力两类。

1.4.1　液体的质量力

质量力是作用于液体的每个质点上，与受作用的液体质量成正比的力。对于均质液体，质量力的大小与受作用液体的体积成正比，对于此种液体来说质量力也叫体积力。又由于质量力不需要施力物体与液体相接触，所以说质量力是一种远程力。重力和惯性力都是一种质量力。

我们通常定义的质量力为质量密度 f，即单位质量流体所承受的质量力。假设液体为均质的，质量为 M，总质量力为 F，则有

$$f = \frac{F}{M} \tag{1-10}$$

设总质量在空间坐标上的投影分别为 F_x、F_y、F_z，单位质量力 f 在相应坐标上的投影为 f_x、f_y、f_z，则

$$\left. \begin{array}{l} f_x = \dfrac{F_x}{M} \\[2mm] f_y = \dfrac{F_y}{M} \\[2mm] f_z = \dfrac{F_z}{M} \end{array} \right\} \tag{1-11}$$

1.4.2　液体的表面力

作用于液体表面，并与作用面的表面积成正比的力为表面力。表面力分布在流体表面上，是一种接触力。表面力可以分为垂直于作用面的压力和平行于作用面的切力。

定义表面力的面积密度，即单位面积上的流体所承受的表面力为应力。对应于表面力中的压力和切力，单位面积上的表面力为压应力和切应力，其单位为 N/m^2，即 Pa。

本章小结

本章首先介绍了水力学的定义、研究内容和发展简史，使读者对水力学有一个初步的认识和明确的概念。接着介绍了液体的连续介质模型，这是接下来能够科学、系统地研究水力学问题的一个基本假设。最后介绍了液体的一些基本性质和作用在液体上的力，这是研究所有水力学问题的基础。此外，还介绍了水力学在日常生活和生产中的应用。

习题

1-1　已知乙醇的密度为 $0.8g/m^3$，试用国际单位制表示其密度，并求其容重。

1-2　计算水温 $t = 4℃$，$8℃$，$12℃$，$16℃$，$24℃$时水的运动黏度 v，并根据计算结果绘出 t-v 关系曲线。

1-3　$1m^3$ 的水，当温度由 10℃升至 50℃时，其体积增加多少？

1-4　已知某水流的分布函数为 $u = u_m(y/H)^{3/4}$。式中，H 为水深；μ_m 为液面流速。若距壁面距离为 y，计算 $y/H = 0.3$ 和 0.6 处流速梯度。

1-5　静止的液体所受到的单位质量力为多少？

1-6　已知液体中流速沿 y 方向分布如图 1-4 三种情况，试根据牛顿内摩擦定律 $\tau = \mu \dfrac{du}{dy}$，定性绘出切应力沿 y 方向的分布图。

图 1-4　习题 1-6 图

第2章
水静力学

 本章要点

○ 正确理解静水压强的两个重要的特性和等压面的性质。

○ 掌握静水压强基本公式和物理意义，会用基本公式进行静水压强计算。

○ 掌握静水压强的单位和三种表示方法：绝对压强、相对压强和真空度；理解位置水头、压强水头和测管水头的物理意义和几何意义。

○ 掌握静水压强的测量方法和计算。

○ 会画静水压强分布图，并熟练应用图解法和解析法计算作用在平面上的水总压力。

水静力学是研究以水为代表的液体处于静止状态时的力学规律及其工程应用的学科。这里的"静止"是相对概念，是指液体处于一种平衡状态。

水的平衡状态包括两种：一种是静止状态，即液体质点之间没有相对运动，液体相对于地球也没有运动。另一种是相对平衡状态，即液体相对地球运动，但是相对于容器是静止的，并且液体质点之间也是相对静止的。所以平衡状态的液体质点之间是相对静止的，也就不产生内摩擦力，水静力学问题中是不用考虑黏滞性的。研究水静力学问题时，理想液体和实际液体都是一样的，不用加以区分。

2.1　液体静水压强的特性

 讨论　了解静水压强的目的是什么？

　　静水压强的特点是流体处于平衡或相对平衡状态时，水的应力只有法向应力，而没有切向应力，此时，水作用面上的负的法向应力即为静水压强。在静止或相对静止的水中，任一点的水静压强的大小与作用面的方向无关，只与该点的位置有关。

 学习目标

　　掌握静水压强的两个特性及有关基本概念。

2.1.1　静水压力与静水压强

动画扫一扫

静水压强实验

　　研究表明，当液体处于静止状态时，液体内部相互之间以及对于与之接触的固体壁面都有力的作用，该力为一种分布力，且垂直于作用面沿着法线方向作用。该力叫作静水压力，用字母 P 来表示，国际单位为牛顿（N）。如图 2-1 所示，在静止液体中，一作用面的面积为 ΔA，其上压力为 ΔP，当面积 ΔA 的作用面趋近于一个点的时候，平均压力 $\Delta P / \Delta A$ 的极限就是该点的静水压应力，也叫作静水压强，用符号 p 来表示，即

$$p = \lim_{\Delta A \to 0} \frac{\Delta P}{\Delta A} \qquad (2\text{-}1)$$

图 2-1　静水压强图示

　　式中，压强 p 的单位为 $N/m^2(Pa)$。

2.1.2　静水压强的特性

　　静水压强有两个重要特性：
　　① 静水压强的法向与受压面垂直并指向受压面。假设静水压强不与作用面垂直，那么作用面上的力一定可以分解为垂直于作用面的压力和平行于作用面的切力。根据液体压强的流动性，该静止的液体一定会因为失去平衡而流动，所以平行于作用面的切力应该为零，液体才能处于静止状态。也就是说作用面上只有压力作用，即静水压强的方向垂直指向作用面。
　　② 静止液体中任意一点静水压强的大小和受压面方向无关，其在各个方向的静水压强大小相等。在静止水中任取一微小四面体，其三个棱边分别平行于 x、y、z 轴，长度分别为 dx、dy、dz，三个垂直于 x、y、z 轴的面积分别为 dA_x、dA_y、dA_z，斜面面积为 dA_n，如图 2-2 所示，该微小四面体应该处于平衡状态。作用在四面体上的力有面积力和体积力两种。

（1）面积力

因为四面体非常微小，所以可以认为各作用面上的静水压强是均匀分布的，分别表示为 p_x，p_y，p_z 和 p_n，则微小四面体的各面静水压力为：

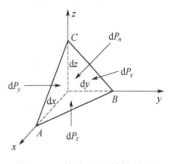

图 2-2 静水压强特性分析

$$\begin{cases} \mathrm{d}P_X = p_x \mathrm{d}A_x = p_x \dfrac{1}{2}\mathrm{d}y\mathrm{d}z \\[2mm] \mathrm{d}P_Y = p_y \mathrm{d}A_y = p_y \dfrac{1}{2}\mathrm{d}x\mathrm{d}z \\[2mm] \mathrm{d}P_Z = p_z \mathrm{d}A_z = p_z \dfrac{1}{2}\mathrm{d}x\mathrm{d}y \\[2mm] \mathrm{d}P_n = p_n \mathrm{d}A_n \end{cases} \qquad (2\text{-}2)$$

（2）质量力

该微小四面体的质量为 $\dfrac{1}{6}\rho\mathrm{d}x\mathrm{d}y\mathrm{d}z$，设单位质量力在 x、y、z 轴方向上的投影分别为 X、Y、Z，则质量力在各方向上的分量为 $\dfrac{1}{6}X\rho\mathrm{d}x\mathrm{d}y\mathrm{d}z$、$\dfrac{1}{6}Y\rho\mathrm{d}x\mathrm{d}y\mathrm{d}z$、$\dfrac{1}{6}Z\rho\mathrm{d}x\mathrm{d}y\mathrm{d}z$。由于液体处于平衡状态，上述质量力和表面力在各坐标轴上的投影之和应分别等于零，即 $\sum F_X = 0$，$\sum F_Y = 0$，$\sum F_Z = 0$。

以 x 轴方向为例，其平衡方程为：

$$\sum F_X = p_x \mathrm{d}A_x - p_n \mathrm{d}A_n \cos(n,x) + \frac{1}{6}X\rho\mathrm{d}x\mathrm{d}y\mathrm{d}z = 0 \qquad (2\text{-}3)$$

式中，$\cos(n,x)$ 为四面体中斜面法线方向与 x 轴的夹角余弦；$\mathrm{d}A_n \cos(n,x)$ 为斜面 $\mathrm{d}A_n$ 在 yOz 平面上的投影。

$$\mathrm{d}A_n \cos(n,x) = \mathrm{d}A_x = \frac{1}{2}\mathrm{d}y\mathrm{d}z \qquad (2\text{-}4)$$

将式（2-4）代入平衡方程式（2-3），得：

$$\sum F_X = p_x \frac{1}{2}\mathrm{d}y\mathrm{d}z - p_n \frac{1}{2}\mathrm{d}y\mathrm{d}z + \frac{1}{6}X\rho\mathrm{d}x\mathrm{d}y\mathrm{d}z = 0 \qquad (2\text{-}5)$$

等式两边同除以 $\dfrac{1}{2}\mathrm{d}y\mathrm{d}z$ 得：

$$p_x - p_n + \frac{1}{3}X\rho\mathrm{d}x = 0 \qquad (2\text{-}6)$$

当四面体无限缩小，方程左端最后一项趋近于 0，得：

$$p_x = p_n \qquad (2\text{-}7)$$

同理可得 $p_y = p_n$，$p_z = p_n$，所以：

$$p_x = p_y = p_z = p_n \qquad (2\text{-}8)$$

式（2-8）说明，在静止液体中，任一点静水压强的大小与作用面的方位无关，各个方向都是相等的。

2.2　重力作用下液体的平衡微分方程

 讨论　平衡液体的等压面必为与质量力正交的面吗？

等压面，即 dp=0，fxdx+fydy+fzdz=0，由于沿等压面移动的距离 ds 和质量力不为零，所以等压面和质量力正交，即成 90°，数量积为零。静止流体中，对不可压缩液体，等压面也是质量力势的等势面。质量力始终指向质量力势减小，即压强增加的方向。

 学习目标

掌握液体的平衡微分方程。

2.2.1　液体平衡微分方程

为了研究静水压强的规律，首先研究一下液体在平衡状态下，质量力与体积力所满足的关系。

在平衡液体中取边长分别为 dx、dy 和 dz 的微小六面体，各边分别与坐标轴平行，如图 2-3 所示。微小六面体质量为 $dm = \rho dxdydz$，设单位质量上的质量力在 x、y、z 方向上的分量为 X、Y、Z，令作用在六面体左边铅垂面 AD 的压强为 p，则压力为 $pdydz$。

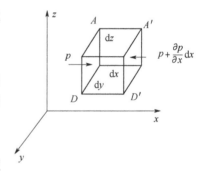

图 2-3　平衡液体中的微小六面体

由 p 坐标的连续函数，即 $p = p(x,y,z)$，当坐标微小变化时，p 也变化，可用泰勒级数展开，以 x 方向为例，在 A'D' 由于 x 坐标改变 dx，所以它的压强为 $p+\frac{\partial p}{\partial x}dx$，压力为 $\left(p+\frac{\partial p}{\partial x}dx\right)dydz$。由 x 方向力处于平衡状态，则有：

$$pdydz - \left(p+\frac{\partial p}{\partial x}dx\right)dydz + X\rho dxdydz = 0 \tag{2-9}$$

方程两边同除以 ρdxdydz，化简后可得

$$X - \frac{1}{\rho}\times\frac{\partial p}{\partial x} = 0 \tag{2-10}$$

同理可得 y、z 方向上的表达式，最终得到

$$\left.\begin{array}{l} X - \dfrac{1}{\rho}\times\dfrac{\partial p}{\partial x} = 0 \\[2mm] Y - \dfrac{1}{\rho}\times\dfrac{\partial p}{\partial y} = 0 \\[2mm] Z - \dfrac{1}{\rho}\times\dfrac{\partial p}{\partial z} = 0 \end{array}\right\} \tag{2-11}$$

式中，X、Y、Z 为单位质量力在 x、y、z 轴方向的分量，与之相等分别是单位质量水所受的表面力在 x、y、z 轴方向上的分量。

式（2-11）即为液体的平衡微分方程，它是欧拉于 1755 年首先提出，所以又叫欧拉平衡方程。它反映了液体质量力与压强梯度力之间的关系。

2.2.2　压强分布公式与等压面

为求得液体的压强分布，需要对式（2-11）进行积分。首先将式（2-11）中的每个方程分别乘以 dx、dy 和 dz，并将三个方程相加，则：

$$\frac{\partial p}{\partial x}dx + \frac{\partial p}{\partial y}dy + \frac{\partial p}{\partial z}dz = \rho(Xdx + Ydy + Zdz) \tag{2-12}$$

式中，左端为压强 $p=p(x,y,z)$ 的全微分 dp，所以式（2-12）可变为

$$dp = \rho(Xdx + Ydy + Zdz) \tag{2-13}$$

式（2-13）叫作液体平衡微分方程的综合式，当质量力已知时，可以得到液体压强 p 的表达式。

同种连续静止液体中，静水压强相等的点组成的面叫作等压面。在等压面上，压强 p 为一个常量，其导数 dp 为 0。

$$dp = \rho(Xdx + Ydy + Zdz) = 0 \tag{2-14}$$

式（2-14）可简化为

$$Xdx + Ydy + Zdz = 0 \tag{2-15}$$

式（2-15）表明，在等压面上，质量力做功为 0，且质量力与等压面正交。

2.3　水静力学基本方程

 讨论　根据重力作用下的水静力学基本方程，可以得到哪些结论？

（1）静止流体中任一点的压力 p 等于表面压力 p_0 与从该点到流体自由表面的单位面积上的液柱重量（γh）之和。该式可以求出静止流体中任一点静水压力。

（2）在静止流体中，压力随深度按线性规律变化。

（3）在静止流体中，相同沉没深度（$h=$常数）各点处压力相等。也就是在同一个连续的重力作用下的静止流体的表面都是等压面。但必须注意，这个结论只是对互相连通而又是同一种流体才适用。

学习目标

理解重力作用下静水压强基本公式和物理意义；掌握静水压强的表示和计算。

2.3.1 重力作用下的水静力学基本方程

对于液体，工程中最常见的问题就是相对于地球是静止状态的问题，也就是作用在液体上的质量力只有重力。下面针对这种液体平衡状态进行分析。

图 2-4 微小单元体

水在重力作用下处于静止状态，取一水平微小面积 dA 为底面，dz 为高的铅垂水柱体，如图 2-4 所示。自由液面的高度为 z_0，大气压强为 p，其下表面力为 pdA，上表面力为 $(p+dp)dA$，作用在静止液体上的质量力只有沿 z 轴向下的重力 $-\rho g dAdz$。水柱在 z 方向的合外力为 0，有

$$pdA-(p+dp)dA-\rho g dAdz=0 \tag{2-16}$$

将式（2-16）化简，得

$$dp=-\rho g dz \tag{2-17}$$

对式（2-17）积分，得

$$p=-\rho gz+C_1 \tag{2-18}$$

由边界条件：自由液面上 $z=z_0$，$p=p_0$，可以得出式（2-18）中定积分常数 $C_1=p_0+\rho g(z_0-z)$，代入式（2-18）得

$$p=p_0+\rho g(z_0-z) \tag{2-19}$$

式中，z_0-z 为任一点的水深，用 h 来表示，则

$$p=p_0+\rho gh \tag{2-20}$$

式（2-18）两侧同除以 ρg，则得到另一种形式的方程

$$z+\frac{p}{\rho g}=C \tag{2-21}$$

式中，C 为积分常数。只有重力作用时，静止水中任一点的 z 与 $p/\rho g$ 之和为常量。
式（2-18）和式（2-21）都是水静力学的基本方程。

2.3.2 压强的量度

为了测量压强的大小，首先要明确压强的起算标准，其次是确定压强的计量单位。根据压强的起算标准不同，可以有以下几种表示方法，如图 2-5 所示。

① 绝对压强。以没有气体存在的真空为零点起算，叫作绝对压强，用 p_{abs} 表示。

② 相对压强。在实际环境中，空间是充满气体的，水流表面一般就是当地的大气压强，实际工程中经常量测的是绝对压强与当地大气压强之间的差值，这种以当地大气压强为零点起算的压强，叫作相对压强，用 p_r 表示。用 p_a 表示当地的大气压强，其与绝对压强的关系为：

$$p_r = p_{abs} - p_a \qquad (2\text{-}22)$$

③ 真空与真空压强。绝对压强都是正的，但是相对压强可能是负的。当水的绝对压强小于大气压强时，相对压强就是负的，说明该处存在真空。真空压强的符号为 p_v，其与大气压强和绝对压强的关系为：

图 2-5　压强的度量

$$p_v = p_a - p_{abs} \qquad (2\text{-}23)$$

由式（2-23）可知，当绝对压强为 0 时，真空压强达到最大，也就是绝对真空状态，但是实际中一般是达不到的。因为当容器中液体表面压强降低到汽化压强时，液体就会迅速蒸发、汽化，所以一般是实现不了绝对真空的。

压强的国际单位为帕斯卡（Pa），工程常用大气压强的倍数来表示，比如几个大气压。还有一种表示方法就是液体柱高度，其表达式为：

$$h = \frac{p}{\rho g} \qquad (2\text{-}24)$$

式中，ρ 为液体密度；h 为液体柱高度。常用单位为米水柱（mH_2O）和毫米汞柱（mmHg）。

2.3.3　水静力学基本方程的意义

水静力学基本方程式（2-21）几何意义和物理意义如下。

（1）几何意义

水静力学基本方程式（2-21）中的各项都是长度单位，都可以用几何高度表示。如图 2-6 所示，在容器的左右两侧壁任意两个位置 1 和 2 上打一小孔，接上与大气相通的开口玻璃管，就形成了测压管 1 和测压管 2。假定容器内是只有重力作用的静止溶液，如果液面上是大气压，那么两个测压管内的液面都应该与容器内液面平齐。以容器底面为 0—0 基准面。对于溶液中的任一点，测压管自由液面到 0—0 基准面的高度可以表示为 $H = z + p/(\rho g)$。其中，z 为该点到基准面的高度，$p/(\rho g)$ 为测压管自由液面到该点的高度。

图 2-6　几何意义和物理意义
（$\gamma = \rho g$）

水力学中，常以"水头"来表示高度，所以 z 又叫位置水头，$p/(\rho g)$ 又叫压强水头，$z + p/(\rho g)$

叫作测压管水头。由式（2-21）可以看出，静止液体中任意两点的位置水头和压强水头之和为常数，即测压管水头为常数。

$$z_1 + \frac{p_1}{\rho g} = z_2 + \frac{p_2}{\rho g} = C \tag{2-25}$$

（2）物理意义

如图 2-6 所示，位置水头 z 表示的是单位重量液体从 0—0 基准面算起所具有的位置势能，简称为位能。当然，0—0 基准面不同，位置势能也不同。

压强水头表示的是单位重量液体从大气压算起所具有的压强势能，简称为压能。如果液体中某点的压强为 p，在该处安置测压管后，在压强 p 的作用下，自由液面将沿管上升到高度 $p/(\rho g)$，如上升的液体重量为 G，则压强势能为 $Gp/(\rho g)$。那么单位重量液体的压强势能就是 $p/(\rho g)$。

z 与 $p/(\rho g)$ 分别代表了单位位能和单位压能，静止液体中机械能只有位能和压能，所以它们之和就是单位重量液体所具有的总势能。水静力学基本方程表明，静止液体中各点的单位总势能相等。

2.3.4　静水压强的量测

对于互相连通的同一种液体，在重力作用下，静止均质液体的等压面是水平面。水静力学基本方程和等压面原理是各种测压设备的设计依据。经常用到的测压设备有以下几种：

（1）测压管

如图 2-7 所示，简易的测压管就是用一根开口的玻璃管一端与被测液体连通，另一端与大气连通制成的。测压管内自由面到该测点的高度就是该点的相对压强水头。图 2-7 中 A 点的相对压强值为 $p = \rho g h_A$。

（2）U 形水银测压计

测压管只适合测量较小的压强，当压强较大时，需要的玻璃管过长，所以不好使用。测量较大压强时，可以采用装入较重液体的 U 形测压计，如图 2-8 所示。如果测得水中任一点距离 U 形管左侧水银液面的高度为 h_1，U 形管右侧水银液面距离 U 形管左侧水银液面的高度为 h_2，则该点的压强为：

$$p = \rho_{Hg} g h_2 - \rho g h_1 \tag{2-26}$$

式中，ρ_{Hg} 为水银的密度。

图 2-7　测压管　　　　　　　　图 2-8　U 形水银测压计

（3）压差计

压差计也叫比压计，用于直接测量液体两点之间的压强差。常用的压差计有空气压差计、水银压差计和油压差计等。

图 2-9 空气压差计

如图 2-9 所示为一空气压差计，其结构是一个上部充满空气的倒 U 形管，下部两端用橡皮管连接到容器中需要量测的 1、2 两点。当两点压强 p_1 和 p_2 不等时，倒 U 形管中的液面存在高差 Δh。因空气的密度很小，忽略气柱质量，可以认为两管的液面压强相等。两点的压差为

$$p_1 - p_2 = \rho g \Delta h \tag{2-27}$$

如果测得 Δh，就可以求出两点之间的压强差。

【例 2-1】如图 2-10 所示，有两个圆形盛水容器，中间用水银压差计连接，在两容器内各取一点 1 和 2，已知 1 点的压强为 p_1，水的容重为 $\gamma = \rho g$，水银的容重为 $\gamma_{Hg} = \rho_{Hg} g$，求 2 点的压强 p_2。

图 2-10 例 2-1 图

解：在 $a—a$ 等压面上，其压强 p_a 为

$$p_a = p_1 - \rho g h_1$$

在 $b—b$ 等压面上，其压强 p_b 为：

$$p_b = p_2 - \rho g h_2$$

$a—a$ 平面与 $b—b$ 平面的压强差为：

$$\Delta p = p_a - p_b = \rho_{Hg} g \Delta h$$

即

$$(p_1 - \rho g h_1) - (p_2 - \rho g h_2) = \rho_{Hg} g \Delta h$$

所以 2 点的压强为：

$$p_2 = p_1 - \rho_{Hg} g \Delta h + \rho g (h_2 - h_1)$$

2.3.5 静水压强的分布图

在实际工程中，经常用到的是相对压强。如果水的表面是自由液面，其上为当地的大气压强，那么水的相对压强为 $p = \rho g h$。式中 ρg 为常数，所以压强 p 与水深 h 呈线性关系。根据水静力学的基本方程和静水压强的特性，按一定的比例尺，用一定长度的线段代表静水压强的大小，再用箭头表示出静水压强的方向，就得到了静水压强的分布图。

如图 2-11 所示，一长方体盛水容器，水的深度为 h，水面为当地大气压强，水的容重为 $\gamma=\rho g$，则水表面 A 点的压强为 0，水面最低点 B 的压强为 γh。压强都是与受力面垂直的，由 B 点作垂直于 AB 的线段 BB_1，取 $BB_1 = \rho gh$，连接 AB_1，则三角形 AB_1B 为容器右壁面上任一铅垂剖面上的静水压强分布图。

如图 2-12 所示，水库矩形闸门两侧有水，深度分别为 h_1 和 h_2。这种情况，可以先分别画出闸门两侧的压强分布图，为两个三角形，然后叠加，就得到了该闸门压强的梯形分布图。

图 2-11　长方体盛水容器受静水压力

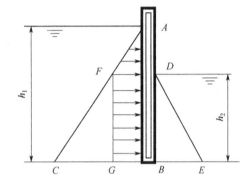

图 2-12　水库矩形闸门受静水压力

【**例 2-2**】如图 2-13 所示，开口容器中盛有两种不同的液体，密度分别为 $1000kg/m^3$ 和 $2000kg/m^3$，较轻液体的深度为 0.2m，较重液体距离液面深度为 0.5m。试画出容器右侧壁面的压强分布图。

解：容器右侧壁面上 A 点的压强 $p_A = 0$

B 点的压强 $p_B = 1000 \times 10 \times 0.2 = 2$（kPa）

C 点的压强 $p_C = 1000 \times 10 \times 0.2 + 2000 \times 10 \times (0.5 - 0.2) = 8$（kPa）

图 2-13 中 DB 线段代表 B 点的压强 p_B，EC 线段代表 C 点的压强 p_C。连接 AD 和 DE，就是 AC 面上的压强分布图。

图 2-13　例 2-2 图

2.4　非惯性系的液体平衡

讨论　非惯性坐标系中的静止液体基本方程是如何建立的？

流体静力学基本方程是对惯性坐标系建立的，在非惯性坐标系中，流体处于相对静止状态，则其表面力仍然具有各向同性和切应力为零的性质，因此，基本方程同样可以成立。不同的是在非惯性坐标系中，流体处于静止状态，其所受的力还应包括惯性力，即基本方程中的质量力应为重力和惯性力两部分之和。

学习目标

掌握在重力和惯性力同时作用下的液体平衡计算。

液体除了相对地球静止的绝对平衡状态外，还有一种相对平衡状态，此时液体相对地球在运动，但是液体质点之间及器皿之间没有相对运动。如果将坐标系建立在运动容器上，相对地球运动的液体相对于该坐标系是静止的，处于一种相对平衡的状态。根据达朗贝尔原理，在相对平衡的液体质点上施加一个相应的惯性力，就会把一个 $\sum F = ma$ 的动力问题转变为一个 $\sum F = 0$ 的静力问题。

以等角速度旋转容器内的液体为例，如图 2-14 所示为一个盛有液体的开口圆筒。圆筒以等角速度 ω 绕中垂轴 z 做逆时针旋转，由于液体的黏滞性，与容器壁接触的液体首先被带动起来旋转，然后逐渐向中心发展，最后所有的液体都会随着圆筒做逆时针旋转，形成一个图 2-14 所示的漏斗形的旋转面。

在圆筒上建立如图 2-14 所示的坐标系，根据达朗贝尔原理，液体的质量力除了重力以外，还应该施加一个大小等于向心力，方向与向心加速度相反的离心惯性力。在液体中任取一点，其质量为 m，在 xOy 平面的投影上距离原点 O 的距离为 r。该点的质量力沿三个坐标轴的分量分别为：

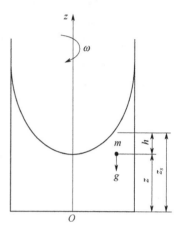

图 2-14　盛有液体的开口圆筒及其旋转面

$$\begin{cases} X = \omega^2 r \cos\alpha = \omega^2 x \\ Y = \omega^2 r \sin\alpha = \omega^2 y \\ Z = -g \end{cases} \tag{2-28}$$

将式（2-28）代入液体平衡微分方程 [式（2-13）] 得

$$dp = \rho(Xdx + Ydy + Zdz) = \rho(\omega^2 xdx + \omega^2 ydy - gdz) \tag{2-29}$$

为了得到等压面的方程，根据等压面原理，等压面上压强相等，为一个常数，那么其导数为 $dp=0$，即

$$\omega^2 xdx + \omega^2 ydy - gdz = 0 \tag{2-30}$$

对式（2-30）进行积分

$$\frac{\omega^2 r^2}{2g} - z = C \tag{2-31}$$

式（2-31）为圆筒内旋转液体的等压面方程，为一簇绕 z 轴旋转的抛物面。作为特例的等压面就是自由表面，对于自由液面，在原点 O 处，$r=0$，$z=0$，得出积分常数 $C=0$。所以自由液面的方程为

$$z = \frac{\omega^2 r^2}{2g} \tag{2-32}$$

式（2-32）中 $\dfrac{\omega^2 r^2}{2g}$ 是半径为 r 处的水面高出 xOy 的距离。容器做匀速旋转时，中心液面下降，外侧的液面上升，根据旋转抛物体的体积等于同底同高圆柱体体积的一半的道理，容易得知，相对于旋转前静止液面来讲，中心液面下降值与沿壁面升高值应相等，均为 $\dfrac{1}{2} \times \dfrac{\omega^2 r_0^2}{2g}$，其中 r_0 为圆筒的内半径。

【例 2-3】如图 2-15 所示，有一开口圆筒容器，底面直径为 1m，高为 1.2m，盛水深为 1m，圆筒做匀角速度旋转，筒底中心处恰好没有水，求此时圆筒的旋转角速度和溢出的水量。

解：将坐标系取在圆筒底面的中心点 O，则圆筒内的液体自由表面方程为

图 2-15　例 2-3 图

$$z = \frac{\omega^2 r^2}{2g}$$

在圆筒的上沿处，$r=0.5\text{m}$，$z=1.2\text{m}$，所以得到圆筒的旋转角速度为

$$\omega = \frac{\sqrt{2gz}}{r} = \frac{\sqrt{2 \times 10 \times 1.2}}{0.5} = 9.8(\text{rad}/\text{s})$$

旋转抛物体的体积是筒底等高的圆柱体体积的一半，可知剩余的水量为圆柱体体积的一半，所以溢出的水量为：

$$V_{溢} = (1 - 1.2/2)\pi d^2/4 = 0.4\pi \times 1^2/4 = 0.314(\text{m}^3)$$

所以当筒底无水时，圆筒的旋转角速度为 9.8rad/s，溢出的水量为 0.314m³。

2.5　平面上的静水总压力

 讨论　何谓静水总压力？如何计算？

静水总压力，即静止液体作用在与其接触的某个平面或曲面上的总压力。
作用在任意形状平面上的静水总压力的大小等于该平面面积与其形心处静水压强的乘积。

 学习目标

掌握用解析法和作图法来求解平面上的静水总压力。

水工建筑物一般都会与水直接接触，作用在建筑物表面的静水总压力是实际工程中进行水工建筑物设计时所必须考虑的主要荷载，所以计算某一受压面的静水总压力是经常遇到的工程问题。

通常工程上所说的静水压力一般是指静水压强。为了加以区分，通常把某一受压面上所受的静水压力叫作静水总压力。本节主要研究平面上的静水总压力。

2.5.1　压力图法

矩形平面是实际工程中经常见到的平面。计算矩形平面上的静水总压力实际上就是求平行力系的合力问题，通常是利用静水压强的分布图来求矩形平面的静水总压力，这种方法称为压力图法。

如图 2-16 所示，一铅垂矩形平面 AA_1B_1B，水的自由液面与矩形顶边平齐。矩形的高为 H，宽为 b。平面静水总压力的大小应该等于分布在平面上各点静水压强的总和。而作用在单位宽度上的静水总压力就是静水压强分布图的面积 S；所以整个矩形平面的静水总压力 P 就等于压强分布图的面积 S 乘以矩形平面宽度 b，即 $P = Sb$。如图 2-16 所示，单位宽度上的压强分布图为一三角形，$S=\rho gH^2/2$。所以整个矩形平面的静水总压力为 $P=\rho gH^2 b/2$。

矩形平面的静水总压力 P 的作用线通过压强分布体的重心处，即矩形半宽处的压强分布图形心，方向垂直指向作用面，作用线与矩形平面的交点就是压力中心。

如图 2-16 所示，如果压强分布图为三角形，其压力中心位于距矩形顶边的 $2/3H$ 处。如图 2-17 所示，如果压强分布为梯形，其压力中心距离矩形平面底边的距离为：

$$e = \frac{l}{3} \times \frac{2h_1 + h_2}{h_1 + h_2} \tag{2-33}$$

图 2-16　矩形平面压强分布

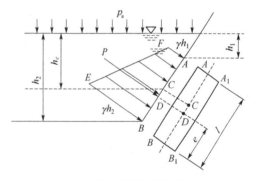

图 2-17　梯形压强分布

2.5.2　解析法

上面介绍的压力图法只适合于作用面为矩形的规则图形，当作用面为一个无对称轴的任意形状平面时，压力图法就不能求解作用在平面上的静水总压力了，这时可以采用解析法。

如图 2-18 所示，一放在水中任意位置的任意形状的倾斜平面 EF，其与水平面的夹角为 α，且垂直于纸面，平面面积为 A，形心点在 C。取平面的延展面与水面的交线为 Ox 轴（垂直于纸面），垂直于 Ox 轴沿平面向下为 Oy 轴。在平面中任意一点 M 处取一微小面积 dA，M 点的坐标为 (x, y)，其所在的位置水深为 h，因为 dA 非常微小，所以其面上各点的压强都近似等于 M 点的压强，所以作用在面上的静水总压力为（其中 $\gamma=\rho g$）：

$$dP = pdA = \gamma hdA = \gamma y \sin\alpha dA \tag{2-34}$$

对式（2-34）积分即可得到任意面 A 上的静水总压力：

$$P = \int_A dP = \int_A \gamma y \sin\alpha dA = \gamma \sin\alpha \int_A y dA \tag{2-35}$$

式（2-35）表明，任意形状平面上的静水总压力等于平面面积与该平面形心位置压强的乘积。

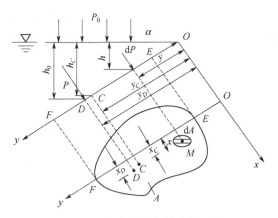

图 2-18　解析法求解静水总压力

下面来分析该平面上的静水总压力的压力中心的位置 $D(x_D, y_D)$。由理论力学可知，合力对任一轴的力矩，等于各分力对该轴力矩的代数和。各分力对 Ox 轴取矩为：

$$\int dP \cdot y = \int \rho g \sin\partial y^2 dA = \rho g \sin\partial \int y^2 dA = \rho g \sin\partial I_x \tag{2-36}$$

式中，$I_x = \int_A y^2 dA$，为平面 EF 对 Ox 轴的惯性矩。平面 EF 上的静水总压力对 Ox 轴的力矩应该与各分力对 Ox 轴的力矩相等，所以：

$$P \cdot y_D = \rho g \sin\partial y_C A \cdot y_D = \rho g \sin\partial I_x \tag{2-37}$$

化简得

$$y_D = \frac{I_x}{y_C A} \tag{2-38}$$

利用惯性矩平移轴定理有

$$I_x = I_C + y_C^2 A \tag{2-39}$$

将式（2-39）代入式（2-38）得

$$y_D = \frac{I_C + y_C^2 A}{y_C A} = y_C + \frac{I_C}{y_C A} \tag{2-40}$$

一般而言，I_C 都是大于零的，所以压力中心 D 一般都在形心 C 的下面，只有当受力面为水平时，压力中心 D 和形心 C 才会重合。

同理，对 Oy 轴取矩就可以得到压力中心的 x 轴方向坐标 x_D。但是在实际工程中，平面图形大都具有平行于 Oy 轴的对称轴，压力中心点就在对称轴上，所以一般只要求出 y_D 即可，x_D 无需计算。

几种常见图形的面积 A、惯性矩 I_C 见表 2-1。

表 2-1　几种常见图形的 A 和 I_c 值

几何图形及名称	面积 A	形心距上边界点长 y_c	相对于图上 Cx 轴的惯性矩 J_{Cx}	相对于图上底边的惯性矩 J_b
矩形	bh	$\dfrac{1}{2}h$	$\dfrac{1}{12}bh^3$	$\dfrac{1}{3}bh^3$
三角形	$\dfrac{1}{2}bh$	$\dfrac{2}{3}h$	$\dfrac{1}{36}bh^3$	$\dfrac{1}{12}bh^3$
梯形	$\dfrac{h(a+b)}{2}$	$\dfrac{h}{3}\left(\dfrac{a+2b}{a+b}\right)$	$\dfrac{h^3}{36}\left(\dfrac{a^2+4ab+b^2}{a+b}\right)$	
圆	πr^2	r	$\dfrac{1}{4}\pi r^4$	
半圆	$\dfrac{1}{2}\pi r^2$	$\dfrac{4}{3}\times\dfrac{r}{\pi}$	$\dfrac{9\pi^2-64}{72\pi}r^4$	$\dfrac{\pi}{8}r^4$

【例 2-4】如图 2-19 所示，有一竖直的矩形闸门 AB，已知闸门的高度 H=2.5m，宽度 b=2m，矩形闸门的上顶边 A 距离水面 h_1=1m。分别用压力图法和解析法求解闸门上的静水总压力。

图 2-19　例 2-4 图

解：（1）压力图法

如图2-19所示，该闸门单位宽度上的压强分布为$AEFB$，所以其静水总压力为

$$P=Sb=[\gamma h_1+\gamma(h_1+H)]Hb/2$$
$$=[10^4\times1+10^4\times(1+2.5)]\times2.5\times2/2=1.125\times10^5(\text{N})=112.5(\text{kN})$$

静水总压力P的方向垂直指向闸门平面。压力中心距离闸门底部的距离为

$$e=\frac{H}{3}\times\frac{2h_1+(h_1+H)}{h_1+(h_1+H)}=\frac{2.5}{3}\times\frac{2\times1+(1+2.5)}{1+(1+2.5)}=1.02(\text{m})$$

（2）解析法

闸门形心处的水深$h_C=h_1+H/2=2.25\text{m}$，矩形闸门的面积$S=Hb=5\text{m}^2$，所以闸门上的静水总压力为

$$P=\gamma h_C S=10^4\times2.25\times5=1.125\times10^5(\text{N})=112.5(\text{kN})$$

静水总压力的方向垂直指向矩形闸门平面。其压力中心D距水表面的距离为

$$y_D=y_C+\frac{I_C}{y_C A}=(h_1+H/2)+\frac{\dfrac{bH^3}{12}}{(h_1+H/2)(Hb)}=2.25+\frac{2.6}{11.25}=2.48(\text{m})$$

所以压力中心距闸门底部的距离为

$$e=(h_1+H)-y_D=1.02\text{m}$$

2.6 曲面上的静水总压力

讨论   曲面上的静水总压力与平面上的静水压力有何不同？如何计算？

（1）计算水平分力。正确绘制曲面的铅垂投影图，求出该投影图的面积及形心深度，然后求出水平分力。

（2）计算铅垂分力需要正确绘制曲面的压力体。压力体由以下几种面围成：受压曲面本身、通过曲面周围边缘作的铅垂面、液面或液面的延长线。铅垂分力的大小即为压力体的重量。

（3）总压力的合成。总压力的大小利用水平分力及铅垂分力通过求合力的方法求得。

学习目标

掌握曲面上静水总压力的计算。

在水利工程中，经常会遇到受压面为曲面的情况，如拱坝的挡水面、弧形闸墩、U形渡槽和圆柱形油箱等。以上曲面多数为二向曲面，因此本章主要以其为例来分析作用在曲面上的静水总压力，所得结论可以推广到三向曲面。作用在曲面上任意点的静水总压强也是沿着作用面的法线方向指向作用面，并且其大小与该点的水深呈线性关系。

对于曲面由于各部分面积上所受的静水压力的大小及方向均可不相同，所以不能用求代数和的方法来计算液体总压力，为了把它变成一求平行力系的合力问题，只能分别计算出作用在曲面上 P 的水平分力 P_x 和垂直分力 P_z，最后将 P_x、P_z 合成 P。

如图 2-20 所示，二向曲面的母线与纸面垂直。取坐标平面 xOy 与水面平行，y 轴与曲线的母线平行，z 轴铅垂向下。设面积为 A 的曲面 ab 受静水作用，如图 2-20，若液面与大气相通，其液面的相对压强为零，则在曲面上 ab 任取一微小面积 dA（淹深为 h），受到的微小压力为：$dP = \rho g h dA$。其方向与 dA 垂直，与水平方向成 θ 角。

图 2-20　曲面上的静水总压力

将 dP 分解为 dP_x 和 dP_z，然后分别在 A 上求积分得：

① 液体总压力 P 的水平分力 P_x：

$$P_x = \int_A dP_x = \int dP \cos\theta = \int \rho g h \cos\theta dA = \rho g \int_A h dA_x \tag{2-41}$$

式中，$\int_A h dA_x = h_c A_x$ 为面积 A 在 yOz 坐标面上的投影面积 A_x 对 Oy 轴的面积距，于是有 $P_x = \rho g h_c A_x$，其作用线通过 A_x 的压力中心 D。

② 液体总压力 P 的垂直分力 P_z：

$$P_z = \int_A dP_z = \int_A dP \sin\theta = \int_A \rho g h dA \sin\theta = \rho g \int h dA_z \tag{2-42}$$

式中，$\int_A h dA_z$ 为曲面 ab 上方的液柱体积 V，通常这个体积称为压力体，于是 $P_z = \rho g V$。压力体的围成：即总压力的垂直分力等于压力的液重，其作用线通过压力体的重心。

所以曲面上的总压力 P：$P = \sqrt{P_x^2 + P_z^2}$，方向为总压力 P 与水平面之间的夹角 θ 的正切 $\tan\theta = \dfrac{P_z}{P_x}$，作用点为总压力的作用线必须通过 P_z 和 P_x 的交点。

本章小结

本章主要介绍了液体的平衡规律，并应用这些规律来计算静水中点的压强，确定受压面上的静水压强分布规律和求解作用于平面上和曲面上的静水总压力等问题。应用以上研究可以解决很多工程上的实际问题，比如计算挡水坝闸门上的静水压力，制作量测液体压强的仪表等。同时，水静力学也是学习水动力学的基础。

习题扫一扫

在线题库

习题

2-1   某一密闭盛水容器如图 2-21 所示，U 形测压计液面高于容器内液面 $h = 3.5\text{m}$，求容器液面的相对压强。

2-2   测量容器中 A 点压强的真空计如图 2-22 所示。已知 $Z = 2\text{m}$，$h = 3\text{m}$，当地大气压强 $p_a = 100\text{kN/m}^2$（绝对压强），求 A 点的绝对压强 p_A、相对压强 p_r 和真空度 p_v。

图 2-21   习题 2-1 图   图 2-22   习题 2-2 图

2-3   如图 2-23 所示，某锅炉顶部 A 处安装一 U 形测压计，底部装有测压管。U 形测压计顶部封闭，设 p_0 处大气的绝对压强为零，管中水银柱高差 $h_2 = 100\text{cm}$，当地大气压强（相对压强）$p_a = 750\text{mmHg}$，测压管中水的容重 $\gamma = 9.78\text{kN/m}^3$，求锅炉内蒸汽压强 p 及测压管内的液柱高度 h_1。

2-4   有一矩形平板闸门，宽度 $b = 2\text{m}$，如图 2-24 所示。已知水深 $h_1 = 2\text{m}$，$h_2 = 4\text{m}$，求闸门上的静水总压力及其作用点的位置。

图 2-23   习题 2-3 图   图 2-24   习题 2-4 图

2-5   某矩形平面闸门如图 2-25 所示，与水平方向夹角 $\theta = 45°$，宽度 $b = 2\text{m}$，两边承受水压力。已知左侧水深 $h_1 = 4\text{m}$，右侧水深 $h_2 = 2\text{m}$。求闸门上静水总压力的大小及其作用点的位置。

2-6   如图 2-26 所示为一平面闸门 AB，闸门宽 $b = 5\text{m}$，闸门左侧水深 $H = 8\text{m}$。求闸门所受静水总压力的大小和作用点。

图 2-25　习题 2-5 图

图 2-26　习题 2-6 图

2-7　如图 2-27 所示，矩形平板闸门 AB，可绕轴 A 转动。已知门宽 $b = 3\text{m}$，闸门自重 $G = 9800\text{N}$，闸门的水平倾角 $\alpha = 60°$，轴 A 的淹深 $h_1 = 1\text{m}$，$h_3 = h_2 = 2\text{m}$，启动闸门时在 B 端沿铅直方向起吊，若不计轴 A 的摩擦力，试求：拉力 F 的大小。

图 2-27　习题 2-7 图

第3章
水动力学

 本章要点

○ 了解描述流体运动的拉格朗日法和欧拉法的内容和特点。

○ 理解流体运动的基本概念，包括流线和迹线，元流和总流，过水断面、流量和断面平均流速，一元流、二元流和三元流等。

○ 掌握流体运动的分类和特征，即恒定流和非恒定流，均匀流和非均匀流，渐变流和急变流。

○ 理解测压管水头线、总水头线、水力坡度与测压管水头、流速水头、总水头和水头损失的关系。

○ 掌握并能应用恒定总流连续性方程。

○ 掌握恒定总流的能量方程，理解恒定总流的能量方程和动能修正系数的物理意义，了解能量方程的应用条件和注意事项，能熟练应用恒定总流能量方程进行计算。

第2章已经介绍了水静力学的基本原理及应用。但是在实际工程中遇到的液体往往是动态的，只有对动态液体进行分析研究才能得出表征液体运动规律的一般原理。

液体的运动是一种复杂的连续介质流动，质点之间也存在着复杂的相对运动。尽管如此，它们之间有内在联系，有共同的运动趋势，仍遵循物体机械运动的普遍规律。水动力学的基本任务就是研究水的速度、加速度等运动要素随时间和空间的变化情况，建立这些运动要素之间的关系来解决实际工程问题。

本章首先介绍描述液体运动的两种方法和液体运动的基本概念，然后研究液体运动所遵循的质量守恒定律、能量守恒定律和动量定理等普遍规律。

3.1　描述液体运动的两种方法

 讨论　拉格朗日法和欧拉法有哪些区别?

定义不同。拉格朗日法，研究单个液体质点在运动过程中物理量随时间的变化规律。欧拉法，是以流体质点流经流场中各空间点的运动即以流场作为描述对象研究流动的方法。

作用不同。拉格朗日法可直接运用固体力学中质点动力学进行分析，综合所有质点的运动，构成整个流体的运动。欧拉法简单地取切线的端点作为下一步的起点进行计算，当步数增多时，误差会因积累而越来越大，因此欧拉法一般不用于实际计算，但可采用区间两端的函数值的平均值作为直线方程的斜率，改进欧拉法的精度。

 学习目标

了解拉格朗日法和欧拉法的意义和区别。

液体流动时，表征运动特征的速度和加速度等运动要素一般要随时间和空间的变化而变化。与固体不同，液体是由无数个质点组成的连续介质，其运动是一个复杂的问题，一度困扰了众多学者，直到拉格朗日法和欧拉法两种方法的提出，才有了完善的描述液体运动的方法。

3.1.1　拉格朗日法

拉格朗日法是以运动着的流体质点为研究对象，跟踪观察个别流体质点在不同时间其位置、流速和压力的变化规律，然后把足够的流体质点综合起来获得整个流场的运动规律。所以该法又叫质点系法。

也就是说拉格朗日法着眼于流体质点，它以每个运动着的流体质点为研究对象，跟踪观察质点的运动轨迹（迹线）以及运动参量（v、p）随时间的变化，综合所有流体质点的运动，得到流体的运动规律。

如图 3-1 所示，在 $t=t_0$ 时刻，一液体质点的空间坐标为 (a, b, c)，视为其起始位置，在任意时刻 t，其坐标为 (x, y, z)，是该质点的运动坐标，可以看成是该质点起始位置坐标 (a, b, c) 和时间 t 的函数，即

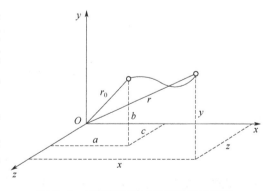

图 3-1　拉格朗日法求解液体运动规律

$$\begin{cases} x = x(a,b,c,t) \\ y = y(a,b,c,t) \\ z = z(a,b,c,t) \end{cases} \tag{3-1}$$

式中，a，b，c 和时间 t 都是拉格朗日变量。

式（3-1）表示的是液体中任意质点的运动轨迹。若给出确定的 a，b，c 值，就能得出某质点的运动轨迹方程。

令式（3-1）对时间 t 取偏导数，就能得出某质点在 x，y，z 轴方向的速度分量，即

$$\begin{cases} u_x = \dfrac{\partial x}{\partial t} = \dfrac{\partial_x(a,b,c,t)}{\partial t} \\[2mm] u_y = \dfrac{\partial y}{\partial t} = \dfrac{\partial_y(a,b,c,t)}{\partial t} \\[2mm] u_z = \dfrac{\partial z}{\partial t} = \dfrac{\partial_z(a,b,c,t)}{\partial t} \end{cases} \tag{3-2}$$

同理，令式（3-1）对时间 t 取二阶偏导数，就能得出某质点在 x，y，z 轴方向的加速度分量，即

$$\begin{cases} a_x = \dfrac{\partial^2 x}{\partial t^2} = \dfrac{\partial_x^2(a,b,c,t)}{\partial t^2} \\[2mm] a_y = \dfrac{\partial^2 y}{\partial t^2} = \dfrac{\partial_y^2(a,b,c,t)}{\partial t^2} \\[2mm] a_z = \dfrac{\partial^2 z}{\partial t^2} = \dfrac{\partial_z^2(a,b,c,t)}{\partial t^2} \end{cases} \tag{3-3}$$

从以上的讨论中可以看出，拉格朗日法在概念上简明易懂，与研究固体质点运动很相似。但是液体质点运动轨迹非常复杂，要用该法研究液体质点的运动规律，必须要先建立液体质点的轨迹方程，这在数学处理上非常困难。因此除了个别问题外，水力学上很少采用这种方法，普遍采用的是欧拉法。

3.1.2　欧拉法

与拉格朗日法不同，欧拉法是以考察不同液体质点通过固定的空间点的运动情况来了解整个流动空间内的流动情况，所以该法又叫流场法。

任意时刻 t 通过流场中任意点的液体质点（x，y，z）的流速在 x，y，z 方向的分量可表示为

$$\begin{cases} u_x = u_x(x,y,z,t) \\ u_y = u_y(x,y,z,t) \\ u_z = u_z(x,y,z,t) \end{cases} \tag{3-4}$$

式中，若是给定常数 x，y，z，参数 t 为变量，就可以求出流场内某一固定空间质点上，不同时刻液体质点通过该点的流速分布情况；反之，如果给定常数 t，而参数 x，y，z 为变量，就可以求出同一时刻，流场内不同空间点上的液体质点的流速分布情况。

将式（3-4）对时间 t 求导，就可以得出液体质点通过空间任意点的加速度。这里应该

注意的是 x，y，z 不再是固定的空间点，它们都是时间 t 的连续函数，所以液体质点的加速度为

$$\begin{cases} a_x = \dfrac{\partial u_x}{\partial t} + \dfrac{\partial u_x}{\partial x} \times \dfrac{\mathrm{d}x}{\mathrm{d}t} + \dfrac{\partial u_x}{\partial y} \times \dfrac{\mathrm{d}y}{\mathrm{d}t} + \dfrac{\partial u_x}{\partial z} \times \dfrac{\mathrm{d}z}{\mathrm{d}t} \\[3mm] a_y = \dfrac{\partial u_y}{\partial t} + \dfrac{\partial u_y}{\partial x} \times \dfrac{\mathrm{d}x}{\mathrm{d}t} + \dfrac{\partial u_y}{\partial y} \times \dfrac{\mathrm{d}y}{\mathrm{d}t} + \dfrac{\partial u_y}{\partial z} \times \dfrac{\mathrm{d}z}{\mathrm{d}t} \\[3mm] a_z = \dfrac{\partial u_z}{\partial t} + \dfrac{\partial u_z}{\partial x} \times \dfrac{\mathrm{d}x}{\mathrm{d}t} + \dfrac{\partial u_z}{\partial y} \times \dfrac{\mathrm{d}y}{\mathrm{d}t} + \dfrac{\partial u_z}{\partial z} \times \dfrac{\mathrm{d}z}{\mathrm{d}t} \end{cases} \tag{3-5}$$

式中，$\dfrac{\mathrm{d}x}{\mathrm{d}t}, \dfrac{\mathrm{d}y}{\mathrm{d}t}, \dfrac{\mathrm{d}z}{\mathrm{d}t}$ 是液体质点的位置坐标对时间的导数，也就是其运动速度，所以

$$\begin{cases} a_x = \dfrac{\partial u_x}{\partial t} + u_x \dfrac{\partial u_x}{\partial x} + u_y \dfrac{\partial u_x}{\partial y} + u_z \dfrac{\partial u_x}{\partial z} \\[3mm] a_y = \dfrac{\partial u_y}{\partial t} + u_x \dfrac{\partial u_y}{\partial x} + u_y \dfrac{\partial u_y}{\partial y} + u_z \dfrac{\partial u_y}{\partial z} \\[3mm] a_z = \dfrac{\partial u_z}{\partial t} + u_x \dfrac{\partial u_z}{\partial x} + u_y \dfrac{\partial u_z}{\partial y} + u_z \dfrac{\partial u_z}{\partial z} \end{cases} \tag{3-6}$$

由式（3-6）可以看出，液体质点的加速度由两部分组成。前一部分 $\dfrac{\partial u}{\partial t}$ 反映的是在同一空间质点上的液体质点随时间的变化率，是由时间引起的加速度，所以称为定位加速度或时变加速度，也叫作当地加速度；而后一部分 $u_x \dfrac{\partial u}{\partial x} + u_y \dfrac{\partial u}{\partial y} + u_z \dfrac{\partial u}{\partial z}$ 反映的是同一时刻由于相邻空间点上流速差的存在，引起的液体质点加速度，它是由于空间位置变化引起的加速度，即变位加速度或迁移加速度。两者之和就是质点的加速度，也叫随体加速度。

 拓展阅读　拉格朗日和欧拉的成就有哪些?

拉格朗日科学研究所涉及的领域极其广泛。他在数学上最突出的贡献是使数学分析与几何和力学脱离开来，使数学更为独立，从此数学不再仅是其他学科的工具。拉格朗日总结了 18 世纪的数学成果，同时又为 19 世纪的数学研究开辟了道路，数学领域的许多新成就都可以直接或间接地溯源于拉格朗日的工作，所以在数学史上拉格朗日被认为是对分析数学的发展产生全面影响的数学家之一，被誉为"欧洲最伟大的数学家"。

欧拉是 18 世纪数学界的中心人物。他是继牛顿之后最重要的数学家之一。欧拉把由伯努利家族继承下来的莱布尼茨学派的分析学内容进行整理，为 19 世纪数学的发展打下了基础。他还把微积分法在形式上进一步发展到复数范围，并推动了偏微分方程、椭圆函数论、变分法的创立和发展。在《欧拉全集》中，有 17 卷属于分析学领域。他被同时代的人誉为"分析的化身"。

拉格朗日提出了一种描述流体运动的方法——拉格朗日法，并完善了理想流体无旋流动的基本理论。欧拉提出了另外一种描述流体运动的方法——欧拉法，并提出了欧拉运动微分方程。

3.2　液体运动的基本概念

　讨论　恒定流一定是均匀流吗？

恒定流不一定是均匀流。恒定流可以是均匀流，也可以是非均匀流。均匀流可以是恒定流，也可以是非恒定流（非恒定的均匀流只存在于有压流中，明渠的非恒定均匀流是不存在的）。

　学习目标

了解液体运动的分类；掌握液体运动的基本概念。

在讨论液体运动的基本方程和规律之前，为了方便分析和研究问题，先介绍一些关于液体运动的基本概念。

3.2.1　恒定流与非恒定流

用欧拉法来描述液体的运动时，将各种运动要素都表示为空间坐标和时间的连续函数。可以将液体运动分为恒定流和非恒定流两大类：如果流场中任何空间点上所用的运动要素都不随时间而改变，这种液体流动叫作恒定流；反之则为非恒定流。对于恒定流来说，其质点上的运动要素都是不变的，仅是空间坐标的连续函数，与时间无关。所以恒定流的液体质点的速度分量为

$$\begin{cases} u_x = u_x(x,y,z) \\ u_y = u_y(x,y,z) \\ u_z = u_z(x,y,z) \end{cases} \tag{3-7}$$

所用的运动要素对时间的偏导数都等于零，即

$$\begin{cases} \dfrac{\partial u_x}{\partial t} = \dfrac{\partial u_y}{\partial t} = \dfrac{\partial u_z}{\partial t} = 0 \\ \dfrac{\partial p}{\partial t} = 0 \end{cases} \tag{3-8}$$

研究实际问题时，需要分清液体流动是恒定流还是非恒定流。对于恒定流来说，没有时间变量，所以水流运动分析比较简单。但是实际工程中大多是非恒定流，极少为恒定流。为了方便问题的分析与解决，大多数情况下，可以把运动要素随时间变化较小的流体当作恒定流来处理。

3.2.2　流线与迹线

描述液体运动有两种方法。拉格朗日法是通过考察个别质点在不同时刻的运动情况来研究

整个液体的运动；而欧拉法是通过考察同一时刻液体质点在不同空间位置的运动情况来研究整个液体的运动。正是基于以上两种方法，才提出了流线和迹线的概念。

迹线是液体质点在其运动的空间所走的轨迹线，是同一个质点在一个时段内的运动轨迹。拉格朗日法就是通过液体质点的运动来研究液体的运动，因此可以通过拉格朗日法得出迹线方程。

如图 3-2 所示，流线与迹线不同，它是某一时刻在流场中描绘出的曲线，曲线上各点的速度方向都沿着曲线的切线方向。在液体运动的空间内，可以绘出一系列的流线，称为流线簇。

由液体运动的性质可知，流线不能相交或转折，只能是光滑曲线。当液体流动为恒定流时，流线的形状、位置不随时间变化，此时流线与迹线是重合的。如果是非恒定流，流线会随时间而变化。另外，流线簇的疏密程度反映了此时流场中各点的流速大小。流线密集的位置流速大，流线稀疏的位置流速小。

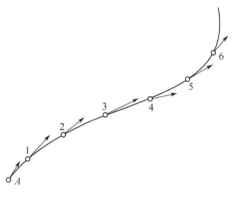

图 3-2 流线

3.2.3 流管、元流和总流

如图 3-3 所示，在流场中任取一条与流线不重合的微小闭合曲线，在同一时刻通过该微小闭合曲线上的各点作流线，由这些流线组成的管状闭合曲面叫作流管。由流管的定义可知，流体不能通过流管的管壁流入或流出。

充满流管中的液流叫作元流。当流管截面面积趋近于零时，元流就变成了一条流线。对于恒定流来说，元流的形状和位置是不变的。由无数微小流束所组成的水流称为总流。我们现实中见到的水流都是总流。

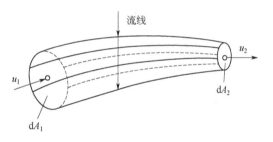

图 3-3 流管和元流

与元流或总流的流线相垂直的横断面称为过水断面，面积为 $\mathrm{d}A$ 或 A。过水断面可能是平面，也可以是曲面。单位时间内通过过水断面的液体体积称为流量。水力学中，一般以 Q 来表示流量，单位为 m^3/s。

元流的过水断面为一微分平面 $\mathrm{d}A$，可以近似地认为断面上各点的流速均为 u，方向是沿过水断面的法向，所以单位时间内通过过水断面的液体体积为

$$\mathrm{d}Q = u\mathrm{d}A \tag{3-9}$$

式 (3-9) 即为元流的流量，对式 (3-9) 积分就可以得到总流的流量

$$Q = \int_A \mathrm{d}Q = \int_A u\mathrm{d}A \tag{3-10}$$

通常情况下，过水断面的流速分布是难以确定的，所以这里要引入一个假想的速度，就是总流过水断面的平均流速。如果过水断面上各点的速度都等于 v，此时所通过的流量与实际上流速为不均匀分布时所通过的流量相等，那么流速 v 就是过水断面的平均流速。根据平均流速

的定义可以得出，平均流速 v 的表达式为

$$v = \frac{\int_A u\mathrm{d}A}{A} = \frac{Q}{A} \tag{3-11}$$

所以通过总流过水断面的流量就是平均流速与过水断面面积的乘积。引入断面平均流速可以大大简化实际工程问题。

3.2.4　一元流、二元流和三元流

根据水力要素与欧拉变量中的空间坐标变量的关系，液体运动可以分为一元流、二元流和三元流。

如果液体的运动要素是三个坐标变量的函数，那么该液体运动就是三元流，也叫空间运动；如果运动要素是两个坐标变量的函数，那么该液体运动就是二元流，也叫平面运动；如果运动要素只是一个坐标变量的函数，那么该液体运动就是一元流。比如 3.2.3 节提到的元流就是一元流。如果把过水断面上各点的流速用断面平均流速去代替，这时的总流也是一元流。实际工程中的液体运动大多是三元流，但是三元流的运动分析非常复杂，为了方便、快速地解决问题，水力学中常采用简化的方法，引入断面平均流速的概念，把总流视为一元流，用一元分析法来研究实际工程中的液体运动规律。

3.2.5　均匀流和非均匀流

根据流场中同一条流线上各空间点的流速矢量是否沿流程变化，可以将总流分为均匀流和非均匀流。若是各点流速矢量相同，则为均匀流；否则为非均匀流。如图 3-4 所示，在均匀流中，流线都是彼此平行的直线，过水断面是平面，并且形状和尺寸沿程不变；过水断面上的流速分布沿程不变，迁移加速度为零。如图 3-5 所示，在非均匀流中，流线或者是不平行的直线，或者是曲线。

图 3-4　均匀流

图 3-5　非均匀流

非均匀流与均匀流的本质区别是后者有迁移加速度，根据迁移加速度的大小，可将均匀流分为渐变流和急变流。如果迁移加速度较小，流速沿流线变化缓慢的液体运动为渐变流，此时流线或者是近似平行的直线，或者是曲率很小的曲线；如果迁移加速度较大，流速沿流线变化急剧的液体运动为急变流，此时流线或者是夹角较大的直线，或者是曲率很大的曲线。

3.3　恒定总流的连续方程

动画扫一扫

文丘里流量计
实验

 讨论　什么是连续方程？连续性方程的实质是什么？

质量守恒定律用于研究水的运动的基本物理定律，其数学表达式称为连续方程。所以，连续性方程的实质是质量守恒方程。

 学习目标

掌握恒定总流的连续性方程及应用。

液体运动是一种连续介质的连续流动，和其他物质运动一样，也要遵守质量守恒的普遍规律。液流的连续性方程就是质量守恒的水力学表达形式。

如图 3-6 所示，在恒定流中取一段微小流管，则流管的形状和尺寸不随时间的改变而改变，且通过流管的侧壁没有液体的流入或流出。该流管的左断面面积为 $\mathrm{d}A_1$，断面形心点的速度为 u_1，右断面面积为 $\mathrm{d}A_2$，断面形心点的速度为 u_2。

因为流管的过水断面面积较小，可以将断面形心流速看作其断面平均流速，则在 $\mathrm{d}t$ 时间段内，从左断面 $\mathrm{d}A_1$ 流入的液体质量为

图 3-6　恒定流中的微小流管

$\rho_1 u_1 \mathrm{d}A_1 \mathrm{d}t$，从右断面 $\mathrm{d}A_2$ 流出的液体质量为 $\rho_2 u_2 \mathrm{d}A_2 \mathrm{d}t$。因为该液流为不可压缩的连续介质，所以流管内的液体质量保持不变，也就是在 $\mathrm{d}t$ 时间内从左断面流入的液体质量和从右断面流出的液体质量应该是相等的，即

$$\rho_1 u_1 \mathrm{d}A_1 \mathrm{d}t = \rho_2 u_2 \mathrm{d}A_2 \mathrm{d}t \tag{3-12}$$

因为是同一种不可压缩液体，所以 $\rho_1 = \rho_2$，式（3-12）可化简为

$$\mathrm{d}Q = u_1 \mathrm{d}A_1 = u_2 \mathrm{d}A_2 \tag{3-13}$$

式（3-13）就是不可压缩液体恒定元流的连续性方程。而总流是由无数元流组成的，对式（3-13）在总流的过水断面上积分就得到了总流的连续性方程。

$$Q = \int_{A_1} u_1 dA_1 = \int_{A_2} u_2 dA_2 \tag{3-14}$$

式中，A_1 和 A_2 为总流两个过水断面的面积；Q 为总流的流量。引入过水断面的平均流速 v_1 和 v_2，则式 (3-14) 变化为

$$Q = v_1 A_1 = v_2 A_2 \tag{3-15}$$

式 (3-15) 为不可压缩液体恒定总流的连续性方程。该式说明，不可压缩液体的恒定总流中，任意两个过水断面的流量都相等，通过总流的断面平均流速与过水断面的面积成反比。

【例 3-1】有一输水管道如图 3-7 所示，已知 1—1 断面的水流量 Q_1 为 0.1m³/s，3—3 断面的流量 Q_3 为 0.5m³/s，4—4 断面的流量 Q_4 为 0.2m³/s，求 2—2 断面的流量 Q_2 和 5—5 断面的流量 Q_5。

图 3-7　例 3-1 图

解：由不可压缩液体恒定总流的连续方程可知

$$Q_1 + Q_2 = Q_3 = Q_4 + Q_5$$

即 $0.1 + Q_2 = 0.5 = 0.2 + Q_5$

所以 2—2 断面的流量 Q_2 为 0.4m³/s，5—5 断面的流量 Q_5 为 0.3m³/s。

3.4　恒定总流的能量方程

动画扫一扫

能量方程实验

讨论　列能量方程可以解决什么类型的问题？

在解决水动力学问题时，能量方程常和连续性方程联立，以解决断面的流速和压强。其中流速是主要的，求压强必须在求流速的基础上或在流速已知的基础上进行。

学习目标

掌握恒定总流能量方程的应用条件和注意事项，并会用能量方程进行水力计算。

连续性方程是液体运动的一个基本方程，只说明了流速和过水断面的关系，本节将进一步从能量转化的角度来讨论水流与运动要素的关系。

3.4.1　理想液体恒定元流的能量方程

与固体运动相同，液体的运动也同样遵循能量守恒原则，下面将从能量守恒定律出发来讨论运动要素之间的关系——能量方程。

如图 3-8 所示，在理想的恒定总流中，任意截取一段微小流束，过水断面 1 和 2 的面积分别为 dA_1 和 dA_2，过水断面形心到 0—0 基准面的高度分别为 z_1 和 z_2，两过水断面的形心压强为 p_1 和 p_2，以过水断面的形心点的流速 u_1 和 u_2 来代表其断面的平均流速。把初始截取的微小流束看作一个系统，经过 dt 时间后，该系统从位置 1—2 运动到新位置 1'—2'，系统在 dt 时间段内的动能增量为 1'—2'段的动能减去 1—2 段的动能。因为是恒定流，所以 1'—2 段的动能是不变的，整个系统 dt 时间段内的动能增量也就是 2—2'段的动能减去 1—1'段的动能。

图 3-8　理想恒定总流中的微小流速

根据质量守恒定律，流段 1—1'和 2—2' 的质量是相等的，即

$$dm = \rho_1 u_1 dA_1 dt = \rho_2 u_2 dA_2 dt = \rho dQdt \tag{3-16}$$

该恒定总流的液体是密度为 ρ 的不可压缩液体，所以该系统在 dt 时间段内的动能增量为

$$\frac{1}{2}dmu_2^2 - \frac{1}{2}dmu_1^2 = \frac{1}{2}\rho dQdt\left(u_2^2 - u_1^2\right) = \rho gdQdt\left(\frac{u_2^2}{2g} - \frac{u_1^2}{2g}\right) \tag{3-17}$$

因为是理想液体，所以可以不考虑阻力做功，所以在 dt 时间段内该系统只有重力和压力做功。

重力做功为

$$W_G = dmg(z_1 - z_2) = \rho gdQdt(z_1 - z_2) \tag{3-18}$$

压力做功为

$$W_P = p_1 dA_1 dS_1 - p_2 dA_2 dS_2 = p_1 dA_1 u_1 dt - p_2 dA_2 u_2 dt = dQdt(p_1 - p_2) \tag{3-19}$$

对该系统使用动能定理得

$$\rho gdQdt(z_1 - z_2) + dQdt(p_1 - p_2) = \rho gdQdt\left(\frac{u_2^2}{2g} - \frac{u_1^2}{2g}\right) \tag{3-20}$$

对式（3-20）化简、整理得

$$z_1 + \frac{p_1}{\rho g} + \frac{u_1^2}{2g} = z_2 + \frac{p_2}{\rho g} + \frac{u_2^2}{2g} \tag{3-21}$$

式（3-21）为不可压缩理想液体恒定元流的能量方程。由于是瑞士科学家伯努利首先提出，所以该方程又叫作理想液体恒定元流的伯努利方程。

下面来说明式（3-21）各项的几何意义和物理意义。公式左右两端前两项的意义已经在水静力学中说明：在几何意义上它们分别表示位置水头和压强水头，它们之和为测压管水头；在物理意义上它们分别表示液体所具有的单位位能和单位压能，它们之和表示的是单位势能。公式左右两端第三项的几何意义是流速水头，表示的是不考虑阻力的情况下，物体以速度 u 在铅垂方向上所能上升的高度；其物理意义是单位动能，也就是单位重量的液体所具有的动能。理想液体恒定元流的伯努利方程在几何意义上表示的是理想的运动液体其位置水头、压强水头和流速水头之和为一常数，水力学上将三者之和称为总水头；其物理意义表示的是单位势能、单位压能和单位动能之和为一常数，也就是单位重量的理想液体所具有的机械能守恒。从物理意义可以看出，理想液体运动的机械能可以相互转化，但是在转化的过程中，总的机械能守恒。

 拓展阅读　伯努利在水力学领域的成就有哪些？

1738 年，伯努利出版了《流体动力学》一书，这是他最重要的著作。书中用能量守恒定律解决流体的流动问题，写出了流体动力学的基本方程，后人称之为"伯努利方程"，提出了"流速增加、压强降低"的伯努利原理。

3.4.2　实际液体恒定元流的能量方程

与理想液体不同，实际的液体存在着黏滞性，所以在运动的过程中，液体要消耗能量来克服因为黏滞性而产生的摩擦力做功。所以，对于实际液体来说，运动的过程机械能会沿程减少。式（3-21）对于实际液体而言可变为

$$z_1 + \frac{p_1}{\rho g} + \frac{u_1^2}{2g} > z_2 + \frac{p_2}{\rho g} + \frac{u_2^2}{2g} \tag{3-22}$$

假定单位重量的实际液体从断面 1—1 流至断面 2—2 所损失的机械能为 h_w'，根据能量守恒定则，不可压缩的实际液体恒定元流的能量方程为

$$z_1 + \frac{p_1}{\rho g} + \frac{u_1^2}{2g} = z_2 + \frac{p_2}{\rho g} + \frac{u_2^2}{2g} + h_w' \tag{3-23}$$

3.4.3　实际液体恒定总流的能量方程

在实际工程中，研究的水流运动都是总流，所以要应用能量方程来解决实际问题，需要对元流能量方程在总流的过水断面上积分，从而得到实际液体的总流能量方程。

设元流的流量为 dQ，单位时间内通过该元流任一过水断面的液体质量为 $\rho g dQ$，将式（3-23）

各项同乘以 $\rho g \mathrm{d}Q$，可得元流能量守恒关系式。

$$\left(z_1 + \frac{p_1}{\rho g} + \frac{u_1^2}{2g}\right)\rho g \mathrm{d}Q = \left(z_2 + \frac{p_2}{\rho g} + \frac{u_2^2}{2g}\right)\rho g \mathrm{d}Q + h_w' \rho g \mathrm{d}Q \tag{3-24}$$

根据元流的连续方程 $\mathrm{d}Q = u_1 \mathrm{d}A_1 = u_2 \mathrm{d}A_2$。将其代入式（3-24），并对总流过水断面积分得

$$\int_{A_1}\left(z_1 + \frac{p_1}{\rho g}\right)\rho g u_1 \mathrm{d}A_1 + \int_{A_1}\frac{u_1^3}{2g}\rho g \mathrm{d}A_1 = \int_{A_2}\left(z_2 + \frac{p_2}{\rho g}\right)\rho g u_2 \mathrm{d}A_2 + \int_{A_2}\frac{u_2^3}{2g}\rho g \mathrm{d}A_2 + \int_Q h_w' \rho g \mathrm{d}Q \tag{3-25}$$

式（3-25）中共含有三种类型的积分：

① 第一类积分为 $\int_A\left(z+\frac{p}{\rho g}\right)\rho g u \mathrm{d}A$，如果所取的过水断面为均匀流或渐变流，那么在断面上 $\left(z+\frac{p}{\rho g}\right)$ 为常数，所以这类积分可写为

$$\int_A\left(z+\frac{p}{\rho g}\right)\rho g u \mathrm{d}A = \left(z+\frac{p}{\rho g}\right)\rho g \int_A u \mathrm{d}A = \left(z+\frac{p}{\rho g}\right)\rho g Q \tag{3-26}$$

② 第二类积分为 $\int_A\frac{u^3}{2g}\rho g \mathrm{d}A$，该积分表示的是单位时间内通过总流过水断面的液体动能总和，因为过水断面上各点的流速不等，所以该项积分比较难求解。为了便于计算，用断面平均流速 v 来代替各点的流速 u，但是 $\int_A\frac{u^3}{2g}\rho g \mathrm{d}A > \int_A\frac{v^3}{2g}\rho g \mathrm{d}A$，所以需要乘以一个动能修正系数 α，才能将积分内的 u 换成 v，所以

$$\int_A\frac{u^3}{2g}\rho g \mathrm{d}A = \frac{\rho g}{2g}\alpha v^3 A = \rho g Q \frac{\alpha v^2}{2g} \tag{3-27}$$

式中，动能修正系数 α 的表达式为

$$\alpha = \frac{\int_A u^3 \mathrm{d}A}{v^3 A} \tag{3-28}$$

动能修正系数 α 的大小取决于过水断面上的流速分布情况，流速分布越不均匀，α 越大。对于渐变流，一般 $\alpha = 1.05 \sim 1.1$，为了便于计算，有时 α 取为 1。但是对于流速分布极不均匀的过水断面，α 最大值可达 2。

③ 第三类积分为 $\int_Q h_w' \rho g \mathrm{d}Q$，假设 h_w 为单位重量的液体在过水断面间的平均能量损失，则第三类积分可以表示为

$$\int_Q h_w' \rho g \mathrm{d}Q = h_w \rho g Q \tag{3-29}$$

综合以上几种积分，可以得出实际液体恒定总流的能量方程

$$z_1 + \frac{p_1}{\rho g} + \frac{\alpha_1 v_1^2}{2g} = z_2 + \frac{p_2}{\rho g} + \frac{\alpha_2 v_2^2}{2g} + h_w \tag{3-30}$$

式（3-30）表达了总流单位能量的转化和守恒规律，也反映了总流中不同过水断面上的 $z+\frac{p}{\rho g}$ 与平均流速 v 的关系，是水力学应用最广的基本方程。

实际液体恒定流总流的能量方程中，z 代表的是总流过水断面上单位重量液体所具有的平

均位能或位置水头；$\dfrac{p}{\rho g}$ 代表的是总流过水断面上单位重量液体所具有的平均压能或压强水头；$\dfrac{\alpha v^2}{2g}$ 代表的是总流过水断面上单位重量液体所具有的平均动能或流速水头；h_{w} 代表的是单位重量液体从一个过水断面运动到另一个过水断面克服阻力做功所损失的平均能量，也叫作水头损失。

如图 3-9 所示，$z+\dfrac{p}{\rho g}$ 表示的是测压管水头，描出各断面上的测压管水头值的点，并连接起来就得到了测压管水头线；而 $z+\dfrac{p}{\rho g}+\dfrac{\alpha v^2}{2g}$ 为总水头，描出各总水头值的点，并连接起来就得到了总水头线。

图 3-9 测压管水头与总水头

由能量方程可以看出，因为克服阻力做功，实际在运动的过程中总水头必然存在损失，所以实际液体的总水头线是一条下降的曲线。但是测压管水头在实际液体运动的过程中可能增加，也可能会减少，所以以测压管水头线可能是上升曲线，也可能是下降曲线，甚至是一条直线。

为了反映总水头线的沿程变化情况，这里引入水力坡度的概念。总水头线沿流程的降低值与流程的长度比，叫作总水头线坡度，也称为水力坡度，以符号 J 来表示，其表达式为

$$J=\frac{-\mathrm{d}H}{\mathrm{d}L}=\frac{\mathrm{d}h_{\mathrm{w}}}{\mathrm{d}L} \tag{3-31}$$

式中的负号，是因为水头增量 $\mathrm{d}H$ 沿程减少，为负值，为使 J 为正值，所以取了负号。

在解决实际工程问题的过程中，实际液体恒定总流能量方程得到了广泛应用，但是我们应该注意到使用该方程所应该满足的条件：

① 水流必须是恒定流，液体均质且不可压缩；

② 作用于液体的质量力只有重力，所研究的液体边界是静止的，除了损失的能量外，两断面之间没有能量输入和输出；

③ 所取的两个过水断面必须是均匀流或渐变流断面，但两断面之间的液流可以是急变流；

④ 所取的两个过水断面是同一个总流，流量是沿程不变的。

如果在两个过水断面之间有外界能量的加入或内部流量的流出，则实际液体的恒定总流方

程变为

$$z_1 + \frac{p_1}{\rho g} + \frac{\alpha_1 v_1^2}{2g} \pm h_p = z_2 + \frac{p_2}{\rho g} + \frac{\alpha_2 v_2^2}{2g} + h_w \qquad (3\text{-}32)$$

式中，h_p 为两断面之间加入或支出的单位机械能，加入能量取正号，支出能量取负号。

【例3-2】如图 3-10 所示，用一个水泵从蓄水池中抽水。已知水泵的抽水量 $Q = 30\text{m}^3/\text{h}$，安装高程 $H_s = 5\text{m}$，吸水管的直径为 $d = 150\text{mm}$，水泵进口处中心点的真空值 $p_v = 52\text{kN/m}^2$，求吸水管的总水头损失 h_w。

图 3-10　例 3-2 图

解：取蓄水池的自由液面为 1—1 断面，也将其定为基准面，则该断面上平均流速 $v_1 = 0$，断面上的绝对压强 p_a 为大气压强，位置水头为 0；取水泵进水口处为 2—2 断面，则该断面上平均流速为 v_2，中心点的绝对压强为 p_2，位置水头为 H_s。

根据实际液体的恒定流总流能量方程有

$$0 + \frac{p_a}{\rho g} + 0 = 5 + \frac{p_2}{\rho g} + \frac{\alpha_2 v_2^2}{2g} + h_w$$

所以吸水管的总水头损失 h_w 为

$$h_w = \frac{p_a - p_2}{\rho g} - 5 - \frac{\alpha_2 v_2^2}{2g}$$

式中，$p_a - p_2 = p_v = 52\text{kN/m}^2$，$\alpha_2$ 取为 1，$v_2 = 4Q/(\pi d^2) = 0.472\text{m/s}$，$g$ 取为 10m/s^2。

所以 $h_w = \dfrac{52000}{10000} - 5 - \dfrac{0.472^2}{20} = 0.19$（$\text{mH}_2\text{O}$）

3.5　恒定总流的动量方程

动量方程实验

 讨论　水力学的三大方程分别指什么？

连续性方程：依据质量守恒定律推导得出；能量方程（又称伯努利方程）：依据能量守恒定

律推导得出；动量方程：依据动量守恒定律（牛顿第二定律）推导得出。

 学习目标

掌握恒定总流的动量方程，并学会应用三大基本方程来解决问题。

前面研究了水力学的连续方程和能量方程，应用它们可以解决很多工程上的问题。但是对于复杂的水流运动，特别是涉及分析水流和其固体边界之间的作用力等问题，应用动量方程来解决更加简便和直接。理论力学中提到质点系运动的动量定律为：质点系的动量在某一方向的变化，等于作用于该质点系上所有外力的冲量在同一方向上投影的代数和。

如图 3-11 所示，在恒定总流中任取一元流流段。经过 $\mathrm{d}t$ 时间后，该流段由 1—2 移至 1′—2′ 位置，从而动量发生了变化，其大小为该流段液体在位置 1′—2′ 的动量减去在位置 1—2 的动量

$$\mathrm{d}\boldsymbol{K} = \boldsymbol{K}_{1'-2'} - \boldsymbol{K}_{1-2} \tag{3-33}$$

而 $\boldsymbol{K}_{1'-2'} = \boldsymbol{K}_{1'-2} + \boldsymbol{K}_{2-2'}$，$\boldsymbol{K}_{1-2} = \boldsymbol{K}_{1-1'} + \boldsymbol{K}_{1'-2}$。液流为恒定流，经过 $\mathrm{d}t$ 时间后，在 1′—2 段内流体的动量不变，所以式（3-33）可变为

$$\mathrm{d}\boldsymbol{K} = \boldsymbol{K}_{2-2'} - \boldsymbol{K}_{1-1'} \tag{3-34}$$

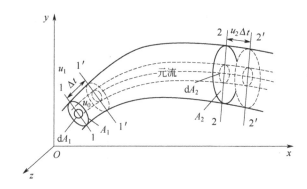

图 3-11　恒定流中的任一元流流段

在总流中任取一束元流，其在 1—1 断面上的面积为 $\mathrm{d}A_1$，在 2—2 断面上的面积为 $\mathrm{d}A_2$，流速分别为 u_1 和 u_2，液体密度为 ρ。则 $\boldsymbol{K}_{1-1'} = \rho u_1 \mathrm{d}A_1 \mathrm{d}t u_1$，$\boldsymbol{K}_{2-2'} = \rho u_2 \mathrm{d}A_2 \mathrm{d}t u_2$，所以式（3-34）可写为

$$\mathrm{d}\boldsymbol{K} = \rho u_2 \mathrm{d}A_2 \mathrm{d}t \boldsymbol{u}_2 - \rho u_1 \mathrm{d}A_1 \mathrm{d}t \boldsymbol{u}_1 = \rho \mathrm{d}Q \mathrm{d}t (\boldsymbol{u}_2 - \boldsymbol{u}_1) \tag{3-35}$$

根据动量定理，可以得出元流的动量方程

$$\sum \mathrm{d}\boldsymbol{F} = \frac{\mathrm{d}\boldsymbol{K}}{\mathrm{d}t} = \rho \mathrm{d}Q(\boldsymbol{u}_2 - \boldsymbol{u}_1) \tag{3-36}$$

式中，$\sum \mathrm{d}\boldsymbol{F}$ 为作用在所取的元流上的质量力和控制面上的面积力的矢量和。

为了得到总流的动量方程，需要对元流的动量方程在总流的过水断面上积分

$$\sum \mathrm{d}\boldsymbol{K} = \int_{A_2} \rho u_2 \mathrm{d}t \mathrm{d}A_2 \boldsymbol{u}_2 - \int_{A_1} \rho u_1 \mathrm{d}t \mathrm{d}A_1 \boldsymbol{u}_1 \tag{3-37}$$

因为总流过水断面上的流速分布一般是未知的，所以在均匀流或渐变流断面上，通常会用平均流速 v 来代替点的流速 u，所造成的误差用动量修正系数 β 来修正，其表达式为

$$\beta = \frac{\int_A u^2 \mathrm{d}A}{v^2 A} = \frac{1}{A} \int_A \left(\frac{u}{v}\right)^2 \mathrm{d}A \tag{3-38}$$

式中的 β 值的大小取决于过水断面的流速分布情况，流速分布越不均匀，β 值越大。对于均匀流和渐变流 $\beta = 1.02 \sim 1.05$，通常为了简化计算，$\beta = 1$。

所以恒定总流的动量方程为

$$\sum \boldsymbol{F} = \rho Q \left(\beta_2 v_2 - \beta_1 v_1\right) \tag{3-39}$$

在直角坐标系中，恒定总流的动量方程可以写成 3 个投影表达式

$$\begin{cases} \sum F_x = \rho Q \left(\beta_2 v_{2x} - \beta_1 v_{1x}\right) \\ \sum F_y = \rho Q \left(\beta_2 v_{2y} - \beta_1 v_{1y}\right) \\ \sum F_z = \rho Q \left(\beta_2 v_{2z} - \beta_1 v_{1z}\right) \end{cases} \tag{3-40}$$

恒定流总流动量方程作为一种广泛应用的水动力学基本方程，应用其解决问题应该注意到该方程的应用条件：

① 水流必须是恒定流，液体是均质且不可压缩的；

② 所取的两个过水断面必须是均匀流或渐变流断面，但两断面之间的液流可以是急变流。

下面将通过具体实例来介绍恒定总流动量方程的应用。

【例 3-3】如图 3-12 所示，有一变直径弯管水平放置在支座上，其两端与等直径的直管于 1—1 面和 2—2 面相连接。已知 1—1 面的压强为 40kN/m²，管中流量 $Q = 0.15\text{m}^3/\text{s}$，管径 $d_1 = 200\text{mm}$，$d_2 = 150\text{mm}$，转角 $\theta = 60°$。如果忽略弯管的水头损失，求支座对弯管的支座反力。

图 3-12 例 3-3 图

解：由连续性方程可以求得两个断面的流速。

$$v_1 = Q/A_1 = 4\,Q/(\pi d_1^2) = 4 \times 0.15 \div (3.14 \times 0.2^2) = 4.78(\text{m/s})$$
$$v_2 = Q/A_2 = 4\,Q/(\pi d_2^2) = 4 \times 0.15 \div (3.14 \times 0.15^2) = 8.49(\text{m/s})$$

由能量方程可以求得断面 2—2 的动水压力，以水平面为基准面，则两断面具有相同的位置水头，$z_1 = z_2$；忽略弯管的水头损失，则 $h_w = 0$；取两断面的动能修正系数 $\alpha_1 = \alpha_2 = 1$，有

$$z_1 + \frac{p_1}{\rho g} + \frac{\alpha_1 v_1^2}{2g} = z_2 + \frac{p_2}{\rho g} + \frac{\alpha_2 v_2^2}{2g} + h_w$$

所以 $p_2 = \rho g \left(\dfrac{p_1}{\rho g} + \dfrac{v_1^2}{2g} - \dfrac{v_2^2}{2g}\right) = 10 \times (40 \div 10 + 4.78^2 \div 20 - 8.49^2 \div 20) = 15.38(\text{kN/m}^2)$

取断面 1—1 和 2—2 之间的流段为隔离体，建立如图 3-12 所示的水平坐标系 xOy，该隔离体受到了 1—1 断面压力 $P_1 = p_1 A_1 = 1.26\text{kN}$，$P_2 = p_2 A_2 = 0.27\text{kN}$，支座对其约束反力为 R_x 和 R_y，水体的重力为 G。其中重力 G 与该坐标系垂直，也就是在该坐标系平面上投影为 0。所以该隔离体应用动量方程为：

沿 x 方向的动量方程：$P_1\cos\theta - P_2 + R_x = \rho Q(\beta_2 v_2 - \beta_1 v_1 \cos\theta)$

如果取 $\beta_1 = \beta_2 = 1$，则 $R_x = 1 \times 0.15 \times (8.49 - 4.78 \times 0.5) + 0.27 - 1.26 \times 0.5 = 0.92 + 0.27 - 0.63 = 0.56(\text{kN})$

沿 y 方向的动量方程：$P_1\sin\theta - R_y = \rho Q(0 - \beta_1 v_1 \sin\theta)$

所以有 $R_y = 1.26 \times 0.87 - 1 \times 0.15 \times (0 - 4.78 \times 0.87) = 1.1 - 0.62 = 1.72(\text{kN})$

所以支座对水流的作用力为 $R = \sqrt{R_x{}^2 + R_y{}^2} = 1.81(\text{kN})$

方向角为 $\alpha = \arctan(R_y/R_x) = 72.27°$

本章小结

本章介绍了两种描述液体运动的方法——拉格朗日法和欧拉法，并由欧拉法出发，建立描述流场的几个基本概念。再从运动学和动力学出发，建立液体运动所遵循的普遍规律，即从质量守恒定律建立水流的连续方程，从能量守恒定律建立水流的能量方程，从动量定理建立水流动量方程，并研究它们在工程中的应用。恒定总流的三大方程是接下来研究水力学问题的基本方程。

习题扫一扫

在线题库

习题

3-1   图 3-13 中收缩管，管径 $D = 30\text{cm}$，$d = 15\text{cm}$，通过流量 $Q = 0.3\text{m}^3/\text{s}$。求大管径和小管径的断面平均速度。

3-2   如图 3-14 所示，水平安装的文丘里流量计的断面 1—1 和喉道断面 2—2 各放置一条测压管，测压管的水柱高度分别为 $h_1 = 1\text{m}$，$h_2 = 0.4\text{m}$，两个断面面积分别为 $A_1 = 0.002\text{m}^2$，$A_2 = 0.001\text{m}^2$，两端面间的水头损失 $h_w = 0.05\dfrac{v_1^2}{2g}$，求流量。

图 3-13   习题 3-1 图

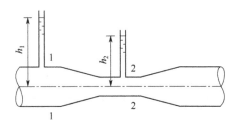

图 3-14   习题 3-2 图

3-3   如图 3-15 所示，某河道在某处分为两支（外江及内江）。外江设置一座溢流坝，用以抬高上游河道，已测得上游河道流量 $Q = 1250\text{m}^3/\text{s}$。通过溢流坝的流量 $Q_1 = 325\text{m}^3/\text{s}$，内江过水断面的面积 $A = 375\text{m}^2$。求内江流量 Q_2 及断面平均流速 v_2。

3-4　铅直管如图 3-16 所示，直径 $D = 10\text{cm}$，出口直径 $d = 5\text{cm}$，水流流入大气，其他尺寸如图 3-16 所示。若不计水头损失，求 A、B、C 三点的压强。

图 3-15　习题 3-3 图　　　　　　　　　图 3-16　习题 3-4 图

3-5　溢流坝过水的单宽流量 $q = 29.8\text{m}^3/\text{s·m}$，已知 1—1 断面到 c—c 断面过坝水流的水头损失 $h_\text{w} = 0.08\dfrac{v_c^2}{2g}$，求 h_c 及 v_c。

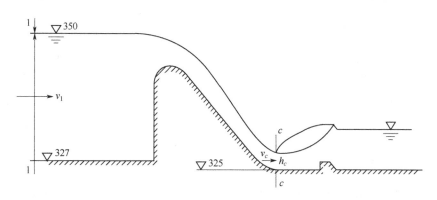

图 3-17　习题 3-5 图

3-6　如图 3-18 所示，虹吸管从水库取水，管径 $d = 10\text{cm}$，其中心线最高处超出水面 $Z = 2\text{m}$。其水头损失：点 1~3 为 $10\dfrac{v^2}{2g}$，点 1~2 为 $9\dfrac{v^2}{2g}$，点 3~4 为 $2\dfrac{v^2}{2g}$，若真空限制在 7m 以内，请求出：(1) 吸水管的最大流量有无限制？如有，应为多少？出水口到水库水面的高差 h 有无限制？如有，则最大为多少？　(2) 在通过最大流量时，点 1、2、3、4 单位液体的位能、压能、动能各为多少？

图 3-18 习题 3-6 图

3-7   如图 3-19 所示，一台水泵产生水头 $H_p = 50\mathrm{m}$，水泵吸水管从水池 A 处吸水，吸水管直径 $d_1 = 150\mathrm{mm}$，所产生的水头损失为 $5\dfrac{v_1^2}{2g}$，v_1 为吸水管平均流速，水泵安装高程 $z_2 = 2\mathrm{m}$，出水管直径 $d_2 = 100\mathrm{mm}$，末端接一管嘴，直径 $d_3 = 76\mathrm{mm}$，管嘴中心距吸水池水面高 $30\mathrm{m}$，出水管所产生的水头损失为 $12\dfrac{v_2^2}{2g}$，v_2 为出水管断面平均流速。计算：

（1）管嘴 C 点的射流流速 v；

（2）水泵入口处 B 点的压强。

3-8   如图 3-20 所示，有嵌入支座内的一段输水管，其直径由 $d_1 = 1.5\mathrm{m}$ 变化到 $d_2 = 1\mathrm{m}$。当支座前的压强 p 为 4 个大气压（相对压强），流量 Q 为 $1.8\mathrm{m}^3/\mathrm{s}$ 时，试确定渐变段支座所受的轴向力 R，不计水头损失。

图 3-19 习题 3-7 图   图 3-20 习题 3-8 图

3-9   一铅直管道（图 3-21），末端安装一弯形喷嘴，转角 $\alpha = 45°$，喷嘴的进口直径 $d_A = 0.20\mathrm{m}$，出口直径 $d_B = 0.10\mathrm{m}$，出口断面平均流速为 $v_B = 10\mathrm{m/s}$，两断面中心 A，B 的高差 $\Delta z = 0.2\mathrm{m}$，通过喷嘴的水头损失 $h_w = 0.5\dfrac{v^2}{2g}$，喷嘴中水 $G = 20\mathrm{kg}$，求水流作用于喷嘴上的作用力 F。

图 3-21 习题 3-9 图

　　3-10　一矩形渠道（图 3-22）宽 4m，渠中设有薄壁堰，堰顶水深 1m，堰高 2m，下游尾水深 0.8m，已知通过的流量 $Q = 0.8\text{m}^3/\text{s}$，堰后水舌内外均为大气，试求堰壁上所受动水总压力（上、下游河底为平底，河底摩擦阻力可忽略不计）。

　　3-11　不可压缩无黏性的液体从平板闸门下缘下泄。液体的密度为 ρ，其他量如图 3-23 所示，为使闸门 AB 不被液流冲走，已知 $h_1 = 4\text{m}$，$h_C = 0.6\text{m}$，试确定闸门每单位宽度需施加的支撑力 R。

图 3-22　习题 3-10 图

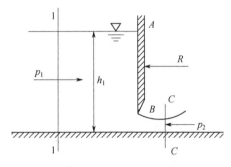

图 3-23　习题 3-11 图

第 4 章
水流形态与水头损失

 本章要点

- ○ 水流形态（流态）及判别。
- ○ 水头损失的成因、分类及水头损失计算。
- ○ 均匀流动基本方程。
- ○ 沿程阻力系数变化规律。

水头损失分沿程水头损失和局部水头损失。

产生水头损失的原因有内因和外因两种：外界对水流的阻力是产生水头损失的主要外因，液体的黏滞性是产生水头损失的主要内因，也是根本原因。

沿程水头损失：沿程阻力的影响造成流体流动过程中能量的损失称为沿程水头损失。一般用 h_f 表示。

局部水头损失：局部边界的突然变化，由局部阻力造成的水头损失称之为局部水头损失。一般用 h_j 表示。

4.1 水的层流运动与紊流运动

 学习目标

了解水流边界对水头损失的影响，熟悉水头损失的分类，掌握水流流态判别，掌握层流切应力的计算。

4.1.1 水流边界性质对水头损失的影响

黏滞性的存在是液流水头损失产生的根源，是内在的、根本的原因。但从另一方面考虑，液流总是在一定的固体边界下流动的，固体边界的沿程急剧变化，必然导致主流脱离边壁，并在脱离处产生漩涡。漩涡的存在意味着液体质点之间的摩擦和碰撞加剧，这显然要引起另外的较大的水头损失。因此，必须根据固体边界沿程变化情况对水头损失进行分类。

水流横向边界对水头损失的影响：横向固体边界的形状和大小可用过水断面面积 A 与湿周 χ（液体与固体边壁接触的周界线长）来表示。湿周是指水流与固体边界接触的周界长度。湿周 χ 不同，产生的水流阻力不同。比如：两个不同形状的断面，正方形和扁长矩形，两者的过水断面面积 A 相同，水流条件相同，但扁长矩形的湿周 χ 较大，故所受阻力大，水头损失也大。如果两个过水断面的湿周 χ 相同，但 A 不同，通过同样的流量 Q，水流阻力及水头损失也不相等。所以单纯用 A 或 χ 来表示水力特征并不全面，只有将两者结合起来才比较全面，为此，引入水力半径的概念。

水力学中习惯上称 $R = \dfrac{A}{\chi}$ 为水力半径，它是反映过水断面形状尺寸的一个重要的水力要素。

水流纵向边界对水头损失的影响：纵向边界不同的水流可能发生均匀流与非均匀流，其水头损失也不相同。

除了水流边界的几何形状对水流阻力产生影响外，与水流接触的固体边壁的粗糙程度对水流阻力的影响也较大。

4.1.2 水头损失分类

水头损失，是指单位质量的水或其他液体在流动过程中因克服水流阻力做功而损失的机械能，具有长度量纲，可分为沿程水头损失及局部水头损失两类。

边界形状和尺寸沿程不变或变化缓慢时的水头损失称为沿程水头损失，以 h_f 表示，简称沿程水头损失。边界形状和尺寸沿程急剧变化时的水头损失称为局部水头损失，以 h_j 表示，简称局部损失。从水流分类的角度来说，沿程损失可以理解为均匀流和渐变流情况下的水头损失，而局部损失则可理解为急变流情况下的水头损失。

以上根据水流边界情况（外界条件）对水头损失所做的分类，丝毫不意味着沿程损失和局部损失在物理本质上有什么不同。不论是沿程水头损失还是局部水头损失，都是由于黏滞性引起内摩擦力做功消耗机械能而产生的。若水流是没有黏滞性的理想液体，则不论边界怎样急剧变化，引起的也只是流线间距和方向的变化，机械能之间的相互转化绝不可能出现水头损失。

事实上，这样来划分水头损失，反映了人们利用水流规律来解决实践问题的经验，给生产实践带来了很大的方便。例如，各种水工建筑物、各种水力机械、管道及其附件等，都可以事先用科学实验的方法测定它的沿程水头损失和局部水头损失，为后来的设计和运行管理提供必要的数据。

在实践中，沿程损失和局部损失往往是不可分割、互相影响的，因此，在计算水头损失时要做这样一些简化处理：①沿程如果有几处局部水头损失，只要不是相距太近，就可以把它们分别计算；②边界局部变化处，对沿程水头损失的影响不单独计算，假定局部损失集中产生在边界突变的一个断面上，该断面的上游段和下游段的水头损失仍然只考虑沿程损失，即将两者看成互不影响，单独产生的。这样一来，沿流程的总水头损失（以 h_w 表示）就是该流段上所有沿程损失和局部损失之和，即

$$h_{\mathrm{w}} = \sum h_{\mathrm{f}} + \sum h_{\mathrm{j}} \tag{4-1}$$

到此，我们可以得出结论，产生水头损失必须具备两个条件：①液体具有黏滞性（内因）；②固体边界的影响，液体质点之间产生了相对运动（外因）。

4.1.3　雷诺实验

动画扫一扫
雷诺实验

1883 年英国科学家雷诺发表了关于研究液体运动类型的实验结果，发现液体在流动中存在两种内部结构完全不同的流态：层流和紊流，揭示了水流内部结构与水头损失的规律。为了阐明液体流动的两种流态，了解其特性，本节详细叙述雷诺实验过程及实验结果。

（1）实验原理

图 4-1 为雷诺实验装置示意图。它由能保持恒定水位的水箱、试验管道及能注入有色液体的部分组成。实验时，只要微微开启出水阀，并打开有色液体盒连接管上的小阀，色液即可流入圆管中，显示出层流或紊流状态。供水流量由无级调速器调控，使颜色水瓶 4 始终保持微溢流的程度，以提高进口前水体稳定度。恒压水箱还设有多道稳水隔板，可使稳水时间缩短到 3～5min。有色水经细管 5 注入 2，可据有色水散开与否判别流态。

使管中的有色液体呈一条直线，此时水流即为层流。此时用体积法测定管中过流量；慢慢加大泄水阀开度，观察有色液体的变化，在某一开度时，有色液体由直线变成波状，再用体积法测定管中过流量；继续逐渐增大泄水阀开度，使有色液体由波状变成微小涡体扩散到整个管内，此时管中即为紊流，并用体积法测定管中过流量。以相反程序，即泄水阀开度从大至小，再观察管中流态的变化，并用体积法测定管中过流量。

实验开始时，开启电流开关向水箱充水，使水箱保持溢流；微微开启泄水阀及有色液体盒出水阀，使有色液体流入管中；调节泄水阀，使玻璃管 2 中的水流速度较低时，如拧开颜色水瓶 4 下的阀门，便可看到一条明晰的、细的着色流束玻璃，此流束不与周围的水相混，如图 4-2（a）所示。如果将细管 5 的出口移至玻璃管 2 进口的其他位置，看到的仍然是一条明晰的细着色流束。由此可以判断，玻璃管 2 内的整个流场呈一簇互相平行的流线，这种流动状态称为层

流（或片流）。当玻璃管 2 内的流速逐渐增大时，开始着色流束仍呈清晰的细线，当流速增大到一定数值，着色流束开始振荡，处于不稳定状态，如图 4-2（b）所示。如果流速再稍增加，振荡的流束便会突然破裂，着色流束在进口段的一定距离内完全消失，与周围的流体相混，颜色扩散至整个玻璃管内，如图 4-2（c）所示。这时流体质点做复杂的无规则运动，这种流动状态称为湍流（或紊流）。

图 4-1　雷诺实验装置

1—水箱；2—玻璃管；3—阀门；4—颜色水瓶；5—细管；6—量筒

图 4-2　雷诺实验显示的流动状态

（2）沿程水头损失与速度的关系

为了研究不同流态沿程水头损失的规律，在实验仪器管道中安装测压管，列两个测压管断面能量方程

$$z_1 + \frac{p_1}{\rho g} + \frac{\alpha_1 v_1^2}{2g} = z_2 + \frac{p_2}{\rho g} + \frac{\alpha_2 v_2^2}{2g} + h_w \tag{4-2}$$

因为是等径管，$\dfrac{\alpha_1 v_1^2}{2g} = \dfrac{\alpha_2 v_2^2}{2g}$。两测压管之间，管道水流为均匀流，无局部水头损失，$h_w = h_f$。

所以有

$$h_f = z_1 + \frac{p_1}{\rho g} - \left(z_2 + \frac{p_2}{\rho g} \right) \tag{4-3}$$

即两测压管水头的差值就是两个断面之间的沿程水头损失。因此，每改变一次管道流速 v，即可测得相应的沿程水头损失 h_f。将测得的结果绘制成曲线，在双对数纸上绘制 $\lg v$-$\lg h_f$ 曲线，如图 4-3 所示。

同时也发现，层流的沿程水头损失 h_f 与流速一次方成正比，紊流的 h_f 与流速的 1.75～2.0 次方成正比；在层流与紊流之间存在过渡区，h_f 与流速的变化规律不明确。

（3）流态判别

相应于液体流态从层流向紊流转变时的流速称为上临界流速 v_k'。如果将实验按相反的顺序进行，则按相反的顺序重演前面实验中发生的现象。但是，相应于流态从紊流向层

图 4-3　雷诺实验数据曲线

流转变时的流速 v_k（称为下临界流速）小于从层流向紊流转变的流速 v'_k。实验资料表明，上临界流速 v'_k 与实验操作和外界干扰有很大关系，一般不稳定。而下临界流速 v_k 比较稳定，可以作为判别流态的标准。下临界流速 v_k 的值不是固定的，它与流速、过水断面的形态与尺寸、液体的黏度和密度等有关。雷诺实验发现，对于圆管，可以用一个无量纲量来判别流态。这个无量纲量称为雷诺数，用符号 Re 表示，表达式为：

$$Re = \frac{\rho vd}{\mu} = \frac{vd}{\nu} \tag{4-4}$$

式中，ρ 为液体密度；v 为圆管断面平均流速；d 为圆管内直径；μ 为动力黏度；ν 为运动黏度。

实验得到圆管流动的下临界雷诺数 Re_k 为

$$Re_k = 2300 \tag{4-5}$$

因此，当管中雷诺数 $Re < Re_k = 2300$ 时，管中液体流态为层流；当管中雷诺数 $Re > Re_k = 2300$ 时，管中液体流态为紊流。

对于明渠及天然河道

$$Re = \frac{vR}{\nu} \tag{4-6}$$

式中，R 为水力半径，$R = \frac{A}{\chi}$；χ 为湿周；A 为过水断面面积。

当明渠中水流雷诺数 $Re < Re_k = 500$ 时，管中液体流态为层流；当管中雷诺数 $Re > Re_k = 500$ 时，明渠中水流流态为紊流。

【**例 4-1**】一梯形断面的田间排水沟（图 4-4），已知底宽 $b=50$cm，边坡系数 $m=1.5$，水温 $t=20$℃，水深 $h=40$cm，流速 $V=10$cm/s。

请（1）试判别流态；（2）如果水温及水深保持不变，流速减小到多大时变为层流。

图 4-4　例 4-1 图

解：（1）已知水温为 20℃时，$\nu = 0.01003$cm²/s，水深 $h = 40$cm，由图 4-4 得

$$\frac{1}{1.5} = \frac{h}{x}, \quad x = 1.5h = 1.5 \times 40 = 60 \text{(cm)}$$

渠道顶宽为
$$B = b + 2x = 50 + 2 \times 60 = 170 \text{(cm)}$$

湿周为
$$\chi = b + 2\sqrt{x^2 + h^2} = 50 + 2 \times \sqrt{60^2 + 40^2} = 194.22 \text{(cm)}$$

过水断面面积为
$$A = \frac{1}{2}(B+b)h = \frac{1}{2} \times (170 + 50) \times 40 = 4400 \text{(cm}^2)$$

水力半径为
$$R = \frac{A}{\chi} = \frac{4400}{194.22} = 22.65 \text{(cm)}$$

雷诺数为
$$Re = \frac{vR}{\nu} = \frac{10 \times 22.65}{0.01003} = 22582.25$$

因为梯形渠道中的雷诺数 $Re > Re_k = 500$，所以梯形明渠中的水流形态为紊流。

（2）要使梯形渠道中的水流形态保持层流，只需要

$$\frac{vR}{\nu} \leqslant 500$$

由此得　　　　　　　　$v \leqslant 500\nu/R = (500 \times 0.01003)/22.65 = 0.22(\text{cm/s})$

 拓展阅读　雷诺在水力学领域的贡献有哪些?

1883 年英国人雷诺（O.Reynolds）观察了流体在圆管内的流动，首先指出，流体的流态除了与流速有关外，还与管径、流体的黏度、流体的密度这 3 个因素有关。雷诺数是流体力学中表征黏性影响的特征数，为纪念雷诺而命名，记作 Re。

4.2　圆管层流沿程水头损失

 讨论　圆管层流的沿程水头损失大小与切应力有什么关系? 为什么要推导均匀流基本方程?

均匀流基本方程，是根据作用在恒定均匀流段上的外力相平衡得到的平衡关系式。公式对于层流和紊流都适用。任意断面形状总流的沿程水头损失与流程长度和壁面平均剪应力成正比，与水力半径成反比。

 学习目标

了解均匀流动方程式的推导过程；熟悉圆管层流过流断面上均匀流动方程式；掌握圆管层流切应力分布、流速分布、沿程水头损失的计算。

4.2.1　均匀流动方程式

当圆管的断面沿程不变且处于顺直情况时，管中的水流属于均匀流。沿程阻力（均匀流内部流层间的切应力）是造成沿程水头损失的直接原因，建立沿程水头损失和切应力的关系式，得出切应力的变化规律，从而解决沿程水头损失的计算问题。

截取圆管均匀流中的一段（如图 4-5 所示）为隔离体来进行分析。从形式上，把动力学问题转化为静力学问题。对隔离体进行受力分析，受到的力有：动水压力、重力、摩擦力。

（1）动水压力

两个过水断面上的动水压力因为在同一平面上，所以存

图 4-5　圆管均匀流

在 $z + p/(\rho g) = C$，则动水压强的分布规律与静水压强的分布规律相同。假设 1—1 过水断面和 2—2 过水断面的动水压强分别为 p_1 和 p_2，则作用在 1—1 过水断面和 2—2 过水断面的动水压力分别为 $P_1 = p_1 A_1$，$P_2 = p_2 A_2$，方向垂直指向受压面。而作用在管流侧面的动水压力方向与流速方向垂直。

（2）重力

重力大小为 $G = \gamma AL$，其中 A 为过水断面面积，$\gamma = \rho g$ 作用力的方向铅直向下。重力沿水流方向的分力为：

$$G \cos \alpha = \gamma AL \cos \alpha = \gamma AL \frac{z_1 - z_2}{L} = \gamma A(z_1 - z_2) \tag{4-7}$$

（3）摩擦力

作用在侧面的摩擦力的大小为 $T = \tau_0 \chi L$。式中，τ_0 为切应力；χ 为湿周。作用力的方向与水流方向相反。

因为该管流是恒定均匀流，没有加速度，处于静力平衡状态，列出流动方向的平衡方程式为：

$$P_1 - P_2 + G \cos \alpha - T = 0 \tag{4-8}$$

即

$$p_1 A_1 - p_2 A_2 + \gamma A(z_1 - z_2) - \tau_0 \chi L = 0 \tag{4-9}$$

用 γAL 去除式（4-9）各项，并整理可得

$$\frac{\left(z_1 + \dfrac{p_1}{\rho g}\right) - \left(z_2 + \dfrac{p_2}{\rho g}\right)}{L} = \frac{\tau_0}{\gamma} \times \frac{1}{R} \tag{4-10}$$

以 0—0 为基准面，列 1—1 断面和 2—2 断面的总流能量方程

$$z_1 + \frac{p_1}{\rho g} + \frac{\alpha_1 v_1^2}{2g} = z_2 + \frac{p_2}{\rho g} + \frac{\alpha_2 v_2^2}{2g} + h_{\mathrm{w}} \tag{4-11}$$

因为是均匀流，$\dfrac{\alpha_1 v_1^2}{2g} = \dfrac{\alpha_2 v_2^2}{2g}$，$h_{\mathrm{w}} = h_{\mathrm{f}}$。

所以

$$h_{\mathrm{f}} = \left(z_1 + \frac{p_1}{\rho g}\right) - \left(z_2 + \frac{p_2}{\rho g}\right) \tag{4-12}$$

将式（4-12）代入式（4-10）得

$$\frac{h_{\mathrm{f}}}{L} = \frac{\tau}{\gamma} \times \frac{1}{R} \ \text{或} \ h_{\mathrm{f}} = \frac{\tau}{\gamma} \times \frac{L}{R} \tag{4-13}$$

而水力坡降 $J = \dfrac{h_{\mathrm{f}}}{L}$，则

$$\tau_0 = J \gamma R \tag{4-14}$$

由于水力半径 $R = \dfrac{r_0}{2}$（r_0 为圆管半径），则式（4-14）可以写成

$$\tau_0 = J \gamma \frac{r_0}{2} \tag{4-15}$$

式（4-14）及式（4-15）即为均匀流动方程式，表示沿程水头损失和切应力的关系。对于无压均匀流，按照上述的步骤同样可以推导出流动方向的平衡方程式，结果同式（4-14）及式（4-15）。所以，方程对于有压流和无压流，层流和紊流都适用。

4.2.2　圆管层流过流断面上的切应力分布

取图 4-5 所示的圆管，轴线与管轴重合，半径为 r 的流束，用推导式（4-14）及式（4-15）的方法得到圆管过流断面上的切应力方程式

$$\tau = J'\rho g R' \tag{4-16}$$

式中，ρ 为液体密度；R' 为半径 r 的流束的水力半径；J' 为半径 r 的流束的水力坡降，与总流的水力坡降 J 相等，即 $J' = J$。

由 $R' = \dfrac{r}{2}$ 及 $J' = J$，将式（4-16）整理为

$$\tau = J\rho g \frac{r}{2} \tag{4-17}$$

将式（4-15）和式（4-17）两式相比，得

$$\tau = \frac{r}{r_0}\tau_0 \tag{4-18}$$

式（4-18）表明圆管过流断面上的切应力呈直线分布，在管轴处 $r = 0$，$\tau = 0$；在管壁处 $r = r_0$，$\tau = \tau_0$。

设管壁至任一圆筒液层的距离为 y，则圆管切应力的分布为

$$\tau = (1 - y/r_0)\tau_0 \tag{4-19}$$

对于二元明渠恒定均匀流，设其水深为 h，距渠底任一点的水深为 y，切应力公式为

$$\tau = (1 - y/h)\tau_0 \tag{4-20}$$

可见，不论是管道恒定均匀流还是明渠恒定均匀流，过水断面上的切应力均呈直线分布。

4.2.3　圆管层流过流断面上的流速分布

为了求得圆管层流过流断面上的流速分布，可应用牛顿内摩擦定律 $\tau = -\mu\dfrac{\mathrm{d}u}{\mathrm{d}r}$，代入式（4-17）中并分离变量，得到过流断面流速微分方程

$$\mathrm{d}u = -\frac{\rho g}{\mu} \times \frac{J}{2} r\mathrm{d}r \tag{4-21}$$

对式（4-21）求积分，得到过水断面的流速分布方程

$$u = -\frac{\rho g J}{4\mu} r^2 + C \tag{4-22}$$

式中，C 为积分常数，可由边界条件确定。在管壁处，$r = r_0$，$u = 0$，代入式（4-22）得积分常数 $C = \dfrac{\rho g J}{4\mu} r_0^2$。将常数 C 值回代入式（4-22），得

$$u = \frac{\rho g J}{4\mu}(r_0^2 - r^2) \tag{4-23}$$

式（4-23）是过水断面的流速分布方程，该方程是一抛物线方程，如图4-6所示。

图4-6　圆管层流流速分布

从图 4-6 中可以看出，管轴线上的流速最大，管壁处的深度为零。取 $r = 0$，得轴线处最大流速

$$u_{\max} = \frac{\rho g J r_0^2}{4\mu} = \frac{\rho g J}{16\mu}d_0^2 \tag{4-24}$$

式中，d_0 为圆管直径。

圆管层流的流量为

$$Q = \int_A u \mathrm{d}A = \int_0^{r_0} \frac{\rho g J}{4\mu}(r_0^2 - r^2)2\pi r \mathrm{d}r = \frac{\rho g J}{128\mu}d_0^4 \tag{4-25}$$

圆管层流断面平均流速

$$v = \frac{Q}{A} = \frac{\rho g J}{128\mu}d_0^4 \div \left(\frac{\pi}{4}d_0^2\right) = \frac{\rho g J}{32\mu}d_0^2 = \frac{1}{2}u_{\max} \tag{4-26}$$

式（4-26）说明，圆管层流最大流速是断面平均流速的两倍。

4.2.4　圆管层流沿程水头损失的计算

将 $J = \dfrac{h_f}{L}$，$v = \dfrac{\mu}{\rho}$ 代入式（4-26），可求得沿程水头损失 h_f

$$h_f = \frac{32\mu L v}{\rho g d_0^2} \tag{4-27}$$

从式（4-27）可以得出结论：圆管层流的沿程水头损失与断面平均流速的一次方成正比，这一结论与雷诺实验中所得的结论完全一致。

将式（4-27）进一步变换，可得

$$h_f = \frac{32\mu L v}{\rho g d_0^2} = \frac{64}{\dfrac{v d_0}{v}} \times \frac{L}{d} \times \frac{v^2}{2g} = \frac{64}{Re} \times \frac{L}{d} \times \frac{v^2}{2g} \tag{4-28}$$

令 $\lambda = \dfrac{64}{Re}$，称为沿程阻力系数，则式（4-28）可以改写成

$$h_f = \lambda \frac{L}{d} \times \frac{v^2}{2g} \tag{4-29}$$

式（4-29）是计算圆管层流沿程水头损失的常用基本公式，称为维斯巴赫-达西公式。

从 $\lambda = \dfrac{64}{Re}$ 可以看出，圆管层流的沿程阻力系数只和雷诺数有关，与管道的粗糙程度无关。但是不要误认为沿程水头损失与速度的平方成比例。而对于紊流而言，λ 需要根据实验确定。

对于非圆管

$$h_{\mathrm{f}} = \lambda \frac{L}{4R} \times \frac{v^2}{2g} \tag{4-30}$$

【例 4-2】 某输水管管径 100mm，管长 1000m，$\nu=0.18\mathrm{cm}^2/\mathrm{s}$，水流流速 6.35cm/s，并且做层流运动。求：（1）管道中心处的最大流速；（2）距离管道中心 20mm 处的流速；（3）沿程阻力系数 λ；（4）管壁处切应力及沿程水头损失。

解：（1）管道中心处的最大流速

$$u_{\max} = 2v = 2 \times 6.35 = 12.7 \ (\mathrm{cm/s})$$

（2）距离管道中心 20mm 处的流速

将式 $u = \dfrac{\rho g J}{4\mu}(r_0^2 - r^2)$ 改写成 $u = u_{\max} - Kr^2$，当 $r=50\mathrm{mm}$ 时，$u=0$，可得 $K=0.51$；当 $r=20\mathrm{mm}$ 时，$u = 12.7 - 0.51 \times 2^2 = 10.7(\mathrm{cm/s})$

（3）沿程阻力系数 λ

雷诺数

$$Re = \frac{vd}{\nu} = 10 \times \frac{6.35}{0.18} = 353 < 2300 \ （层流）$$

则沿程阻力系数

$$\lambda = \frac{64}{Re} = \frac{64}{353} = 0.18$$

（4）管壁处切应力及沿程水头损失

沿程水头损失

$$h_{\mathrm{f}} = \lambda \frac{L}{d} \times \frac{v^2}{2g} = 0.18 \times \frac{1000}{0.1} \times \frac{0.0635^2}{19.60} = 0.37(\mathrm{m})$$

管壁处切应力

$$\tau_0 = J\rho g \frac{r_0}{2} = \frac{h_{\mathrm{f}}}{L}\rho g \frac{r_0}{2} = \frac{0.37}{1000} \times 1000 \times 9.8 \times \frac{0.05}{2} = 0.09(\mathrm{N/m}^2)$$

4.3　紊流的沿程水头损失

 讨论　和层流相比，紊流的主要特征有哪些？紊流和层流的沿程水头损失有什么不同？

紊流运动的特征是：时均化、附加切应力、黏性底层等。紊流水头损失分为两部分，即沿程水头损失和局部水头损失。沿程水头损失系数主要通过尼古拉兹实验确定。

 学习目标

了解紊流的特征，掌握紊流沿程水头损失的计算，沿程阻力系数的变化规律。

4.3.1 紊流的特征

当雷诺数超过临界雷诺数之后，流动就成为紊流。在紊流中，黏滞性作用已经削弱，而惯性力作用则不能忽略了。自然界和实际工程中的流体运动，绝大多数都是紊流。紊流运动对于流场中的速度、压力、温度和物质浓度的分布，起着决定性的影响。由于紊流现象的复杂性，紊流运动以及与之相联系的质量、动量和能量输运现象都极难描述，而且也几乎不可能进行解析预测。由于计算机储存能力和运算速度的限制，当前即使是通过数值计算方法来研究工程紊流问题，也不可避免地要对紊动输运过程提出各种假设。采用一些经验性的结果和假设，把紊动输运过程中的各种物理量与所谓的时均流场建立联系，构成紊流模式理论的基本内容。

研究紊流主要有两种理论，即统计理论和半经验理论。统计理论是采用数理统计的方法着重研究水流的脉动结构；半经验理论是在某些假定的基础上，研究时均流动规律。本节只是介绍紊流的一些基本问题。

（1）紊流运动的时均化

当水流由层流转变为紊流时，液体质点的瞬时运动要素都随时间在不断变化，这种现象称为紊流运动要素的"脉动"现象。但是，实测资料表明，在流量不变的情况下，在一个足够长的时间段 T 内，瞬时速度 u_x 的值总是在围绕某一平均值的上下不断变化（见图 4-7）。这个平均值称为时间平均流速，简称时均流速，用 $\bar{u}_x$ 表示，则

$$\bar{u}_x = \frac{1}{T}\int_0^T u_x(t)\mathrm{d}t \qquad (4\text{-}31)$$

式中，u_x 为液体质点瞬时流速沿 x 方向的分量；T 为足够长的时间间隔。

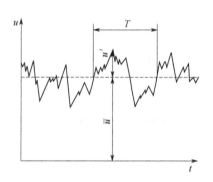

图 4-7　紊流运动要素的脉动

任何瞬时值和平均值是有一个差值的，这个差值可能比平均值大，也可能比平均值小。这个差值称为脉动值。把紊流的运动看作是由两个流动叠加而成，一个是时间平均流动，另一个是脉动流动，则

$$u_x = \bar{u}_x + u_x' \qquad (4\text{-}32)$$

式中，u_x 为瞬时流速；$\bar{u}_x$ 为时均流速；u_x' 为脉动流速。

紊流的其他运动要素也可以用类似的方法进行叠加。紊流时各运动要素时间平均的这种规律性的存在，给研究紊流带来了很大的方便。建立时均值概念后，前几章的概念，如恒定流、均匀流等定义和分析液体运动规律的方法，对紊流仍适用。例如，对于紊流来说，恒定流是指时间平均的运动要素不随时间而变化的液流；非恒定流是指时间平均的运动要素随时间而变化的液流。

（2）紊流附加切应力

按时均化方法将紊流运动分成时均流动和脉动流动的叠加，相应的紊流切应力也由两部分组成：一部分是因时均化相邻流层间相对运动而产生的黏滞切应力 τ_1，符合牛顿内摩擦定律；另一部分是根据普朗特的动量传递半经验理论，由液体质点脉动相互掺混而引起的附加切应力 τ_2。因此紊流的全部切应力为

$$\tau = \tau_1 + \tau_2 = \mu\frac{\mathrm{d}u}{\mathrm{d}y} + \rho l^2\left(\frac{\mathrm{d}u}{\mathrm{d}y}\right)^2 \tag{4-33}$$

式中，l 为液体质点因脉动而由某一层移动到另一层的垂直距离，普朗特称之为混合长度，由于紊流时 τ_2 比 τ_1 大得多，忽略 τ_1 可以保证足够精度，于是紊流的切应力可写成

$$\tau = \rho l^2\left(\frac{\mathrm{d}u}{\mathrm{d}y}\right)^2 \tag{4-34}$$

（3）黏性底层

在同一过水断面内，研究发现紊流质点的掺混程度并不全一样。以圆管紊流为例，见图 4-8，紧贴管壁的一层，因液体质点受到壁面的限制，没有掺混现象，且流速很小，黏滞切应力仍然起主要作用。所以，紧靠壁面存在着黏滞切应力起控制作用的薄层，这一薄层称为黏性底层，又称层流底层。对于圆管中黏性底层的厚度 δ_0 可按下式计算

$$\delta_0 = \frac{32.8d}{Re\sqrt{\lambda}} \tag{4-35}$$

式中，λ 为沿程阻力系数。因其他量均为无量纲量，δ_0 的单位只取决于管道直径 d。黏性底层的厚度随雷诺数的增加而减小，雷诺数越大，表示紊流运动的强度越大，黏性底层的厚度越小。

图 4-8　黏性底层

（4）紊流的流速分布

紊流的结构从固体边壁大水流中心，可划分为厚度很小的层流层、由层流向紊流转变的过渡层和充分紊流的核心区三个部分。紊流中黏性底层的流速分布可视作直线分布，紊流的流速分布，至今还没有成熟的理论公式[●]，目前常用的是普朗特-卡门的对数流速分布公式和普朗特-波拉修斯的指数流速分布公式。以普朗特-卡门的对数流速分布公式为例介绍紊流的流速分布。

普朗特做了两个假设：假设壁面的附加切应力保持不变，并等于壁面上的切应力；假设壁面附加的混合长度 l 与离壁面的距离 y 成正比。利用上述假设，并忽略黏滞切应力 τ_1，经推导得到普朗特-卡门对数流速分布公式：

$$\frac{u}{u^*} = \frac{1}{K}\ln y + c \tag{4-36}$$

式中，u^* 为阻力流速，在恒定的紊流中为常数；K 为混合长度 l 与离壁面的距离 y 的比例系数，即 $K = l/y$；c 为积分常数，一般要根据具体流动情况确定。

---

❶ 推荐阅读：王俊，倪志辉，等. 山区河流垂线流速分布类型的分形研究[J]. 水运工程，2018 年 11 期：131-137.

蒋胡玲. 堆积体河道紊流特性及摩阻特性研究[D]. 成都：西华大学，2020.

方崇，等. 明渠恒定均匀流流速垂向分布研究[J]. 水道港口，2020 年 02 期：166-171.

普朗特-卡门对数流速分布公式的推导过程从理论上来说并不严谨，但理论结果基本与实验相符，因而这一关系至今仍在工程上得到广泛应用，可适用于描述管道和河渠中整个紊流过水断面的流速分布，但层流底层范围不适用。

4.3.2　紊流的沿程水头损失

紊流的沿程水头损失要比层流复杂得多，由式（4-29）可知，

$$h_{\mathrm{f}} = \lambda \frac{L}{d} \times \frac{v^2}{2g}$$

对于圆管层流有沿程阻力系数 $\lambda = \dfrac{64}{Re}$，而对于紊流的沿程阻力系数则不易确定。一般有两种方法：一种是以紊流的半经验理论为基础，结合实验结果，整理成 λ 的半经验公式；另一种是直接根据实验结果，综合成 λ 的经验公式。实验研究主要是 1932—1933 年德国科学家尼古拉兹用人工砂粗糙管做了一系列揭示水流规律的实验。下面简单介绍尼古拉兹实验的结果。

（1）尼古拉兹实验

1983 年，尼古拉兹为了研究管道内壁粗糙程度对水流阻力的影响，把不同粒径的砂砾粘贴到管道内壁上，做成人工粗糙管。他用当地黄砂砂粒经筛选后分类均匀粘贴在管内壁上，做成相对粗糙度 Δ / d 分别是 1/30、1/61.2、1/120、1/252、1/504 和 1/1014 六种人工粗糙管。当流量改变时，即流速改变，可以得到不同的雷诺数 Re 时的沿程水头损失 h_{f}，然后根据式（4-29）可以求出沿程阻力系数 λ。将实验结果绘制成曲线，称为尼古拉兹实验曲线，见图 4-9。

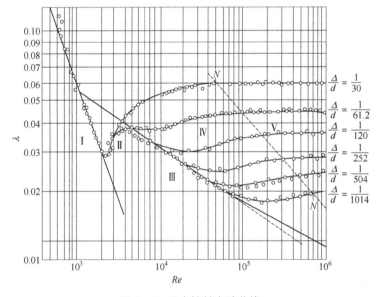

图 4-9　尼古拉兹实验曲线

图 4-9 中 $Re = \dfrac{vd}{\nu}$，分析图 4-9 曲线的特点，可以分成水流流态和阻力性质不同的五个区域，在每个区域沿程阻力系数 λ 有不同的变化规律。

第 I 区，层流区。当雷诺数 $Re < 2300$，即 $\lg Re < 3.3$ 时，具有不同粗糙度的各种圆管中，各实验数据的点都在一条直线 I 上，表明在层流条件下，沿程阻力系数 λ 仅与雷诺数 Re 有关，与相对粗糙度 $\dfrac{\Delta}{d}$ 无关，即 $\lambda = f(Re)$，图中直线刚好满足 $\lambda = \dfrac{64}{Re}$，这一结果证实了层流理论分析，与式（4-29）中的 λ 一致。

第 II 区，层流转变为紊流的过渡区。当雷诺数 $2300 < Re < 4000$，即 $3.3 < \lg Re < 3.6$ 时，实验数据的点没有规律，表明沿程阻力系数 λ 仅与雷诺数 Re 有关，与相对粗糙度 $\dfrac{\Delta}{d}$ 无关，即 $\lambda = f(Re)$，但是 λ 与 Re 不再是线性关系。

第 III 区，光滑紊流区。当雷诺数 $4000 < Re$ 时，实验数据的点都落在同一条直线 III 上。此时紊流的管壁层流层的厚度大大淹没了管壁粗糙突起的高度，表明沿程阻力系数 λ 与相对粗糙度 $\dfrac{\Delta}{d}$ 无关，仅与雷诺数 Re 有关，即 $\lambda = f(Re)$，但是 λ 与 Re 也是线性关系。

第 IV 区，光滑紊流区转变为粗糙紊流区的过渡区。实验数据的点都落在直线 III 和直线 $N\text{-}N$ 之间，在不同的曲线上。在这一区域里，不同的雷诺数 Re 及不同的相对粗糙度 $\dfrac{\Delta}{d}$，沿程阻力系数也是不同的。此时，随着紊流程度的加剧，管壁层流层更薄，不能掩盖管壁内侧粗糙突起的高度，使得相对粗糙度 $\dfrac{\Delta}{d}$ 对沿程阻力系数 λ 产生了明显的影响。沿程阻力系数 λ 与雷诺数 Re 和相对粗糙度 $\dfrac{\Delta}{d}$ 都有关系，即 $\lambda = f\left(Re, \dfrac{\Delta}{d}\right)$。

第 V 区，粗糙紊流区。实验数据的点都落在直线 $N\text{-}N$ 的右边，在不同的接近水平的直线上。这一区域，紊流激烈，使黏性底层变得更薄，黏滞性的作用相对较小，而管壁壁面的粗糙程度对沿程阻力的影响起主要作用。这表明沿程阻力系数 λ 与雷诺数 Re 无关，只与相对粗糙度 $\dfrac{\Delta}{d}$ 有关，即 $\lambda = f\left(\dfrac{\Delta}{d}\right)$。

如上所述，各个区域沿程阻力系数 λ 的变化规律各不相同，究其原因是存在黏性底层的缘故。紊流可以分为光滑紊流区、粗糙紊流区和光滑紊流区转变为粗糙紊流区的过渡区三个阻力区域。

① 光滑紊流区。在这一区域，影响水流运动的主要因素是水流的运动状态，而不是边壁的粗糙程度。雷诺数较小，黏性底层的厚度 δ_0 比边壁的绝对粗糙度 Δ 大得多，即 $\delta_0 \gg \Delta$。从水力学观点来看，这种粗糙边壁与光滑边壁是一样的，所以称为水力光滑面，这样的管道称为水力光滑管。

② 粗糙紊流区。当雷诺数较大时，黏性底层的厚度 δ_0 比边壁的绝对粗糙度 Δ 小很多，即 $\delta_0 \ll \Delta$。在这一区域，边壁的粗糙度对紊流起主要作用，而层流的黏滞性作用只占次要地位，几乎可以忽略不计。这种区域称为水力粗糙区，又称为阻力平方区。

③ 光滑紊流区转变为粗糙紊流区的过渡区。随着雷诺数的增大，黏性底层的厚度变薄，接近边壁壁面粗糙突起的高度。黏性底层厚度 δ_0 和边壁的绝对粗糙度 Δ 近似相等时（$\delta_0 \approx \Delta$）绝对粗糙度的凹凸不平部分开始对紊流阻力有影响，但还没有起到决定作用。介于上述二者之间的过渡状态，称为光滑紊流区转变为粗糙紊流区的过渡区。

（2）实际管道的实验曲线和沿程阻力系数 λ 的变化规律

尼古拉兹实验得出的 λ 的变化规律是在人工粗糙管的基础上得到的，而人工粗糙管和实际的工业管道的粗糙有很大差别。自然管道的粗糙程度的高度、形状和分布都是不规则的，因此引入"当量粗糙"的概念。常用工业管道的当量粗糙度见表4-1。

表4-1　工业管道的当量粗糙度

项目	管道类别	当量粗糙度 Δ /mm	项目	管道类别	当量粗糙度 Δ /mm
金属管	无缝黄铜管、铜管及铅管	0.01~0.05	非金属管	干净玻璃管	0.0015~0.01
	新的无缝钢管、镀锌铁管	0.1~0.2		橡皮软管	0.01~0.03
	新的铸铁管	0.3		木管道	0.25~1.25
	具有轻度腐蚀的无缝钢管	0.2~0.3		陶土排水管	0.45~6.0
	具有显著腐蚀的无缝钢管	0.5 以上		很好整平的水泥管	0.33
	旧的铸铁管	0.85 以上		石棉水泥管	0.03~0.8

为便于工程应用，莫迪（L. F. Moody, 1944）按科尔布鲁克公式在双对数坐标中绘制了 $\lambda\text{-}Re$（Δ/d）曲线，称为莫迪图（图4-10）。图中纵坐标为沿程阻力系数 λ，横坐标为圆管雷诺数 Re（$600<Re<10^8$），曲线参数是相对粗糙度 Δ/d。图中反映出尼古拉兹实验对应的五个区中，沿程阻力系数 λ 与雷诺数和相对粗糙度 Δ/d 的变化关系。莫迪图与尼古拉兹实验曲线在水力光滑和水力粗糙的定性规律是一致的。但是两图在过渡区内却有较大差异，莫迪图的曲线平缓下降，而尼古拉兹实验曲线是先略下降然后上升。在图上按照 Δ/d 和 Re 可以直接查出 λ 值。

图 4-10　莫迪图

【例4-3】有一生锈的旧铸铁管，内径 $d = 0.3\text{m}$，长度 $L = 200\text{m}$，过水流量 $Q = 250\text{L/s}$，水温 $t = 10℃$，阻力系数 $\lambda = 0.0301$。试判别流态，并求其沿程水头损失。

解：管中流速为

$$v = \frac{4Q}{\pi d^2} = \frac{4 \times 0.25}{\pi \times 0.3^2} = 3.537(\text{m/s})$$

当水温 $t = 10℃$，运动黏度 $\nu = 1.306 \times 10^{-6}\,\text{m}^2/\text{s}$。

管中水流的雷诺数为

$$Re = \frac{Vd}{\nu} = \frac{3.537 \times 0.3}{1.306 \times 10^{-6}} = 812480.86 > 2300$$

管中的水流流态为紊流。

沿程水头损失为

$$h_f = \lambda \frac{L}{d} \times \frac{v^2}{2g} = 0.0301 \times \frac{200}{0.3} \times \frac{3.537^2}{2 \times 9.8} = 12.81(\text{m})$$

4.4　沿程水头损失的经验公式——谢才公式

 讨论　谢才公式的用途是什么？

谢才公式是计算明渠和管道均匀流平均流速或沿程水头损失的主要公式。它是 1769 年由法国工程师谢才提出的。许多学者对谢才系数 C 值进行研究，得到一系列经验公式。其中最为简便而应用广泛的是曼宁公式。

 学习目标

了解粗糙系数，掌握沿程水头损失的经验公式，掌握谢才系数的计算公式。

1775 年法国工程师谢才对于明渠均匀流进行了实验研究，提出了计算沿程水头损失的经验公式——谢才公式。

$$V = C\sqrt{RJ} \tag{4-37}$$

式中，V 为断面平均流速，m/s；R 为水力半径，$R = A/\chi$；A 为过水断面面积；χ 为湿周；J 为水力坡降，$J = h_f / L$，均匀流时 $J = i$，i 为明渠底坡；C 为谢才系数，$C = \sqrt{\dfrac{8g}{\lambda}}$；$\lambda$ 为沿程阻力系数。

对于明渠均匀流，断面平均流速沿程不变；水面线与总水头线平行，水力坡度沿程不变；谢才系数 C 与沿程阻力系数 λ 有关，为反映沿程阻力的系数。谢才公式与达西公式本质上是一样的，因此，谢才公式可以用来表示各种流态或流动区域的沿程水头损失，只是谢才系数不同而已。

由于谢才系数的值来自阻力平方区的资料，所以谢才公式只适用于阻力平方区，明渠和管流的阻力平方区都适用。谢才系数 $C = \sqrt{\dfrac{8g}{\lambda}}$ 与重力加速度 g 和沿程阻力系数 λ 有关，而 λ 是无量纲量，g 是有量纲量，其量纲与 $\sqrt{g}$ 量纲相同，所以谢才系数的单位为 $\text{m}^{\frac{1}{2}}/\text{s}$。

谢才系数不是一个常数，它与过水断面形状、壁面粗糙度等有关，下面介绍两个常用的谢才系数经验公式。

（1）曼宁公式

1890 年爱尔兰工程师曼宁提出了计算谢才系数的公式

$$C = \frac{1}{n} R^{\frac{1}{6}} \tag{4-38}$$

式中，n 为粗糙系数，是衡量边壁形状的不规则和粗糙系数影响的一个综合性系数，又称为粗糙系数。其含义不像粗糙度 Δ 那样单纯明确。粗糙系数 n 的选择恰当与否，对计算结果和工程造价有很大影响。如果 n 值选择大了，为保证设计流量，就要加大过水断面面积，造成浪费。n 值选择小了，断面平均流速 V 就大，根据连续性方程，设计的过水断面面积小，而实际的 n 大，V 小，就满足不了设计流量的要求。对于管流和明渠的 n 值见表 4-2 和表 4-3。

表 4-2　管道粗糙系数 n 值

管道种类	壁面状况	n		
		最小值	正常值	最大值
有机玻璃		0.008	0.009	0.010
玻璃管		0.009	0.010	0.013
黄铜管	光滑的	0.009	0.010	0.013
黑铁皮管		0.012	0.014	0.015
白铁皮管		0.013	0.016	0.017
铸铁管	1. 有护面层 2. 无护面层 3. 新制的	0.010 0.011	0.013 0.014 0.011	0.014 0.015
生铁管	新制的，铺设平整，接缝光滑		0.011	
木管	由木板条拼成	0.010	0.011	0.012
钢管	1. 纵缝和横缝都是焊接的	0.011	0.012	0.0125
	2. 纵缝焊接，横缝铆接，一排铆钉	0.0115	0.013	0.014
	3. 纵缝焊接，横缝铆接，二排或二排以上铆钉	0.013	0.014	0.015
	4. 纵横缝都是铆接，一排铆钉，且板厚 $\delta \leqslant 11mm$	0.0125	0.0135	0.015
	5. 纵横缝都是铆接（有垫层），二排或二排以上铆钉或板厚 $\delta > 12mm$	0.014	0.015	0.017
水泥管	表面洁净	0.010	0.011	0.013
混凝土管及钢筋混凝土管	1. 无抹灰面层			
	（1）钢模板，施工质量良好，接缝平滑	0.012	0.013	0.014
	（2）光滑木模板，施工质量良好，接缝平滑		0.013	
	（3）光滑木模板，施工质量一般	0.012	0.014	0.016
	（4）粗糙木模板，施工质量不佳，模板错缝跑浆	0.015	0.017	0.020
	2. 有抹灰面层并经抹光	0.010	0.012	0.014
	3. 有喷浆面层			
	（1）表面用钢丝刷刷过并经仔细抹光	0.012	0.013	0.015
	（2）表面用钢丝刷刷过，且无喷浆，脱落体凝结于衬砌面上		0.016	0.018
	（3）仔细喷浆，但未用钢丝刷刷过，也未经抹光		0.019	0.023

表 4-3　明渠粗糙系数 n 值

序号	边界种类及状况	n
1	仔细抛光的木板	0.011
2	未抛光的但连接很好的木板，很光滑的混凝土面	0.012
3	很好的砖砌面	0.013
4	一般混凝土面，一般砖砌面	0.014
5	陈旧的砖砌面，相当粗糙的混凝土面，光滑、仔细开挖的岩石面	0.017
6	坚实黏土中的土渠。有不连续泥层的黄土或砂砾石中的土渠。维修良好的大土渠	0.0225
7	一般的大土渠，情况良好的小土渠，情况极其良好的天然河道（河床清洁顺直，水流通畅，没有浅滩深槽）	0.025
8	情况较坏的土渠（如有部分地区的杂草或砾石，部分的岸坡倒塌等），情况良好的天然河道	0.030
9	情况极坏的土渠（断面不规则，有杂草、块石，水流不顺畅等），情况比较良好的天然河道，但有不多的块石和野草	0.035
10	情况特别不好的土渠（杂草众多，渠底有大块石等）。情况不甚良好的天然河道（野草、块石较多，河床不甚规则而有弯曲，有不少的倒塌和深潭等处）	0.040

将曼宁公式代入谢才公式可得

$$v = \frac{1}{n} R^{\frac{2}{3}} J^{\frac{1}{2}} \qquad (4\text{-}39)$$

曼宁公式形式简单，至今仍为工程界广泛应用。

（2）巴甫洛夫斯基公式（简称巴氏公式）

$$C = \frac{1}{n} R^y \qquad (4\text{-}40)$$

$$y = 2.5\sqrt{n} - 0.13 - 0.75\sqrt{R}(\sqrt{n} - 0.10) \qquad (4\text{-}41)$$

在近似计算中，当 $R < 1.0\text{m}$ 时，$y = 1.5\sqrt{n}$；当 $R > 1.0\text{m}$ 时，$y = 1.3\sqrt{n}$。

式（4-40）的适用范围为 $0.1\text{m} \leqslant R \leqslant 3.0\text{m}$，$0.011 \leqslant n \leqslant 0.04$。式（4-38）～式（4-40）中，水力半径 R 以米（m）计。式（4-41）中 y 为变数，计算比曼宁公式麻烦，但是所求得的 C 值比较精确。

【例 4-4】有一断面形状为梯形的渠道，如图 4-11 所示，已知底宽 $b = 3.0\text{m}$，水深 $h_0 = 2.0\text{m}$，边坡系数 $m = \cos\theta = 2$，粗糙系数 $n = 0.015$，水流为均匀流，且为阻力平方区紊流，水力坡度 $J = 0.001$，试计算流量 Q。

图 4-11　例 4-4 图

解：由谢才公式得 $Q = CA\sqrt{RJ}$

$A = (b + mh_0)h_0 = (3.0 + 2 \times 2.0) \times 2.0 = 14.0(\text{m}^2)$

$\chi = b + 2h_0\sqrt{1 + m^2} = 3.0 + 2 \times 2.0 \times \sqrt{5} = 11.94(\text{m})$

$$R = \frac{A}{\chi} = 1.17\text{m}$$

因为是阻力平方区紊流，则 $C = \frac{1}{n}R^{\frac{1}{6}} = 68.46\,\text{m}^{\frac{1}{2}}/\text{s}$。

代入公式：$Q = CA\sqrt{RJ} = 32.78\text{m}^3/\text{s}$。

动画扫一扫

局部阻力实验

4.5　局部水头损失

讨论　局部水头损失产生的原因是什么？

主要原因是流体经局部阻碍时，因惯性作用，主流与壁面脱离，其间形成漩涡区，漩涡区流体质点强烈紊动，消耗大量能量；此时漩涡区质点不断被主流带向下游，加剧下游一定范围内主流的紊动，从而加大能量损失；局部阻碍附近，流速分布不断调整，也将造成能量损失。

学习目标

了解局部水头损失系数表；熟悉圆管突然扩大的局部水头损失的推导过程；掌握局部水头损失的计算。

由局部边界急剧改变导致水流结构改变、流速分布改变并产生漩涡区而引起的水头损失称为局部水头损失，用 h_j 表示。其特点为能耗大、能耗集中而且主要为漩涡紊动损失。概括起来，局部水头损失有四种类型：漩涡损失、加速损失、转向损失和撞击损失。目前，除了少数管道的局部水头损失可用理论方法计算外，其他形式的局部水头损失都通过实验来解决。造成理论解决困难的原因是在急变流情况下，作用在固体边界上的动水压力难以确定。但是，局部阻力损失的物理本质是一样的，可以用一个统一的表达式表示局部水头损失，即

$$h_j = \zeta \frac{v^2}{2g} \tag{4-42}$$

式中，ζ 为局部水头损失系数或局部阻力系数。不同的边界条件 ζ 值不同，见表 4-4。

表 4-4　局部水头损失系数表

名称	简图	局部水头损失系数 ζ
断面突然扩大	$A_1 \longrightarrow v_1$　A_2　v_2	$\zeta_2 = (A_2/A_1 - 1)^2$（用 v_2） $\zeta_1 = (1 - A_1/A_2)^2$（用 v_1）
断面突然缩小	A_1　$A_2 \longrightarrow v_2$	$\zeta = \frac{1}{2}\left(1 - \frac{A_2}{A_1}\right)$

名称	简图	局部水头损失系数 ζ
进口		直角 $\zeta = 0.5$
进口		角稍加修圆 $\zeta = 0.2$ 喇叭形 $\zeta = 0.1$ 流线型（无分离绕流）$\zeta = 0.05 \sim 0.06$
切角进口		$\zeta = 0.25$
斜角进口		$\zeta = 0.5 + 0.3\cos\alpha + 0.2\cos^2\alpha$
出口		流入水库 $\zeta = 1.0$
出口		流入明渠 $\zeta = (1 - A_1/A_2)^2$

圆形渐扩管

$$\zeta = k(A_2/A_1 - 1)^2$$

$\alpha/(°)$	8	10	12	15	20	25
k	0.14	0.16	0.22	0.30	0.42	0.62

圆形渐缩管

$$\zeta = k_1 k_2$$

$\alpha/(°)$	10	20	40	60	80	100	140
k_1	0.4	0.25	0.2	0.2	0.3	0.4	0.6

A_2/A_1	0	0.1	0.2	0.3	0.4	0.5
k_2	0.41	0.4	0.38	0.36	0.34	0.3

A_2/A_1	0.6	0.7	0.8	0.9	1.0	
k_2	0.27	0.20	0.16	0.10	0	

名称	简图	局部水头损失系数 ζ
矩形变圆形渐缩管		$\zeta = 0.05$ （相应于中间断面的流速水头）
圆形变矩形渐缩管		$\zeta = 0.10$ （相应于中间断面的流速水头）

名称	简图	局部水头损失系数 ζ				
缓弯管		$\zeta = \left[0.131 + 0.1632\left(\dfrac{d}{r}\right)^{7/2}\right]\left(\dfrac{\alpha}{90°}\right)^{1/2}$				

名称	简图	局部水头损失系数 ζ
弯管		<table>

弯管行：

d/r	0.2	0.4	0.6	0.8	1.0
ζ	0.132	0.138	0.158	0.208	0.294
d/r	1.2	1.4	1.6	1.8	2.0
ζ	0.440	0.660	0.976	1.406	1.975

折角弯管：

圆管

$\alpha/(°)$	10	20	30	40	50	60	70	80	90
ζ	0.04	0.1	0.2	0.3	0.4	0.55	0.7	0.9	1.10

矩形管

$\alpha/(°)$	15	30	45	60	90
ζ	0.025	0.11	0.26	0.49	1.20

名称	简图	局部水头损失系数 ζ
斜分岔		$\zeta = 0.05$
斜分岔		$\zeta = 0.15$
斜分岔		$\zeta = 1.0$
斜分岔		$\zeta = 0.5$
斜分岔		$\zeta = 3.0$
直角分岔		$\zeta = 0.1$
直角分岔		$\zeta = 1.5$
叉管		$\zeta = 1.0$
叉管		$\zeta = 1.5$

续表

名称	简图	局部水头损失系数 ζ
直角 分流		$\zeta_{1-2}=2$ ， $h_{f1-2}=2\dfrac{v_2^2}{2g}$ ， $h_{f1-3}=\dfrac{v_1^2-v_3^2}{2g}$

平板门

e/a	0.1~0.7	0.8	0.9
ζ	0.05	0.04	0.02

注：ζ 值相应于收缩断面的流速水头，不包括门槽损失。

门槽

$\zeta=0.05\sim0.2$（一般用 0.1）

拦污栅

$$\zeta=\beta(s/b)^{4/3}\sin\alpha$$

式中，s 为栅条宽度；b 为栅条间距；α 为倾角；β 为栅条形状系数。

栅条 形状	1	2	3	4	5	6	7
β	2.42	1.83	1.67	1.035	0.92	0.76	1.79

闸阀

全开时（即 $a/d=1$）

d/mm	15	20~50	80	100	150
ζ	1.5	0.5	0.4	0.2	0.1

d/mm	200~250	300~450	500~800	900~1000
ζ	0.08	0.07	0.06	0.05

各种开度时 ζ

d/mm	开度（a/d）					
	1/8	1/4	3/8	1/2	3/4	1
12.5	450	60	22	11	2.2	1.0
19	310	40	12	5.5	1.1	0.28
20	230	32	9.0	4.2	0.90	0.23
40	170	23	7.2	3.3	0.75	0.18
50	140	20	6.5	3.0	0.68	0.16
100	91	16	5.6	2.6	0.55	0.14
150	74	14	5.3	2.4	0.49	0.12
200	66	13	5.2	2.3	0.47	0.10
300	56	12	5.1	2.2	0.47	0.07

截阀

$\zeta=3.0\sim5.5$

截阀

$\zeta=1.4\sim1.85$

续表

名称	简图	局部水头损失系数 ζ				
蝶阀		$\alpha/(°)$	5	10	15	20	25
		ζ	0.24	0.52	0.90	1.54	2.51
		$\alpha/(°)$	30	35	40	45	50
		ζ	3.01	6.22	10.8	18.7	32.6
		$\alpha/(°)$	55	60	65	70	90
		ζ	58.8	118	256	751	∞
逆止阀		d/mm	150	200	250	300
		ζ	6.5	5.5	4.5	3.5
		d/mm	350	400	500	$\geqslant 600$
		ζ	3.0	2.5	1.8	1.7
莲蓬头滤水阀	 无底阀　有底阀	无底阀 $\zeta = 2 \sim 3$ 有底阀 $\zeta = 5 \sim 6$

明渠渐变段进出口的简图与系数表：

(a) 反弯扭曲面型

(b) 1/4圆弧型

(c) 方头型

(d) 直线扭曲面型

进口 $h_{f1} = \zeta_1 \left(\dfrac{v_2^2 - v_1^2}{2g} \right)$

出口 $h_{f2} = \zeta_2 \left(\dfrac{v_2^2 - v_3^2}{2g} \right)$

渐变段形式	ζ_1	ζ_2
（a）	0.10	0.20
（b）	0.15	0.25
（c）	0.30	0.75
（d）	0.05～0.3	0.3～0.5

注：ζ_1、ζ_2 的大小还与水面的收敛角 α_1 或扩散角 α_2 有关，表中的（a）～（c）的 ζ_1、ζ_2 值适用于 $\alpha \leqslant 12.5°$，而（d）的 ζ_1 值适用于 $\alpha_1 = 15° \sim 37°$，ζ_2 值适用于 $\alpha_2 = 10° \sim 17°$。

4.5.1　圆管突然扩大的局部水头损失

局部水头损失产生的主要原因是流体经局部阻碍时，因惯性作用，主流与壁面脱离，其间形成漩涡区，漩涡区流体质点强烈紊动，消耗大量能量；此时漩涡区质点不断被主流带向下游，加剧下游一定范围内主流的紊动,从而加大能量损失;局部阻碍附近,流速分布不断调整,也将造成能量损失。

图 4-12 表示管中由管径 d_1 到管径 d_2 水流的突然扩大,流量为已知,水流进入大断面后,脱离边界,产生回流区,其长度 l 为 $(5\sim8)d_2$,断面 1—1 和 2—2 为渐变流断面,由于流程 l 较短,该段的沿程水头损失可忽略,这样,取断面 1—1 和 2—2 写出总流能量方程,有

图 4-12 圆管突然扩大

$$h_j = z_1 - z_2 + \frac{p_1 - p_2}{\gamma} + \frac{\alpha_1 v_1^2 - \alpha_2 v_2^2}{2g} \tag{4-43}$$

在式(4-43)中除了待求的局部水头损失 h_j 之外,还有 z 和 p 等未知数,因此需要增建新的关系式。为此,再取位于断面 A—A 和 2—2 之间的水体为脱离体,忽略壁面切力,写出沿管轴方向的总流动量方程,即

$$p_1 A_1 + P + G\sin\theta - p_2 A_2 = \rho(\beta_2 A_2 v_2^2 - \beta_1 A_1 v_1^2) \tag{4-44}$$

式中,P 为位于断面 A—A 而具有环形面积 $(A_2 - A_1)$ 的管壁反作用力。实验表明,在包含环形面积的 A—A 断面上的压强基本符合静水压强分布规律,即

$$P = \rho_1(A_2 - A_1) \tag{4-45}$$

从图 4-12 得知:

$$G\sin\theta = \gamma A_2 l \frac{z_1 - z_2}{l} = \gamma A_2(z_1 - z_2) \tag{4-46}$$

将上面两式及连续性方程 $A_1 v_1 = A_2 v_2$ 代入上述的动量方程,整理后可得

$$z_1 - z_2 + \frac{p_1 - p_2}{\gamma} = \frac{(\beta_2 v_2 - \beta_1 v_1)v_2}{g} \tag{4-47}$$

将式(4-47)代入前面的能量方程式(4-43)中,得

$$h_j = \frac{(\beta_2 v_2 - \beta_1 v_1)v_2}{g} + \frac{\alpha_2 v_1^2 - \alpha_2 v_2^2}{2g} \tag{4-48}$$

当流动的雷诺数较大时,紊流的流速分布在断面上更趋于均匀化,两断面的动量及动能修正系数都接近于 1,故式(4-48)可简化为:

$$h_j = \frac{(v_1 - v_2)^2}{2g} \tag{4-49}$$

式(4-49)还可用下列不同形式表示。根据连续原理 $v_1 = v_2 A_2 / A_1$ 或 $v = v_1 A_1 / A_2$,式(4-49)可写成

$$h_j = \left(\frac{A_2}{A_1} - 1\right)\frac{v_2^2}{2g} = \zeta_2 \frac{v_2^2}{2g} \tag{4-50}$$

或
$$h_{\mathrm{j}} = \left(1 - \frac{A_1}{A_2}\right)^2 \frac{v_1^2}{2g} = \zeta_1 \frac{v_1^2}{2g} \tag{4-51}$$

式中的 $\zeta_1 = \left(1 - \dfrac{A_1}{A_2}\right)^2$，$\zeta_2 = \left(\dfrac{A_2}{A_1} - 1\right)^2$，称为突然扩大的局部水头损失系数。

其他各种局部水头损失一般都用一个流速水头与一个局部水头损失系数的乘积来表示：

$$\tag{4-52}$$

$$h_{\mathrm{j}} = \zeta \frac{v^2}{2g}$$

4.5.2 圆管断面突然收缩的局部水头损失

圆管断面突然收缩的情况如图4-13所示。在大管和小管中都有不大的漩涡区，如用小管中的断面平均流速 v_2 来衡量水头损失，则断面突然收缩的局部水头损失 h_{j} 为

$$h_{\mathrm{j}} = \zeta \frac{v_2^2}{2g} \tag{4-53}$$

图4-13 圆管断面突然收缩

式中，局部水头损失系数 ζ 根据实验结果为

$$\zeta = 0.5\left(1 - \frac{A_2}{A_1}\right) \tag{4-54}$$

式中，A_1 为大管断面面积；A_2 为小管断面面积。

【例4-5】一直径 $d_1 = 15\mathrm{cm}$ 的水管突然放大成直径 $d_2 = 30\mathrm{cm}$，如图4-14所示。如管内过水流量 $Q = 0.22\mathrm{m^3/s}$，求接在两管段上的水银比压计的压差值 h。

解：$v_1 = \dfrac{4Q}{\pi d_1^2} = \dfrac{4 \times 0.22}{\pi \times 0.15^2} = 12.45(\mathrm{m/s})$

$v_2 = \dfrac{4Q}{\pi d_2^2} = \dfrac{4 \times 0.22}{\pi \times 0.3^2} = 3.11(\mathrm{m/s})$

$A_1 = \pi d_1^2 / 4 = \pi \times 0.15^2 \div 4 = 0.01767(\mathrm{m^2})$

$A_2 = \pi d_2^2 / 4 = \pi \times 0.3^2 \div 4 = 0.0707(\mathrm{m^2})$

图4-14 例4-5图

突然扩大的局部水头损失为

$$h_{\mathrm{j}} = \left(\frac{A_2}{A_1} - 1\right)^2 \frac{v_2^2}{2g} = \left(\frac{0.0707}{0.01767} - 1\right)^2 \times \frac{3.11^2}{2 \times 9.8} = 4.44(\mathrm{m})$$

由于两个测压管很近，沿程水头损失忽略不计，1—1和2—2断面的能量方程

$$z_1 + \frac{p_1}{\gamma} + \frac{\alpha_1 v_1^2}{2g} = z_2 + \frac{p_2}{\gamma} + \frac{\alpha_2 v_2^2}{2g} + h_{\mathrm{j}}$$

取 $\alpha_1 = \alpha_2 = 1$，对上式变形得 $z_2 + \dfrac{p_2}{\gamma} - \left(z_1 + \dfrac{p_1}{\gamma}\right) = \dfrac{v_1^2 - v_2^2}{2g} - h_{\mathrm{j}}$

式中测压管水头差 $z_2 + \dfrac{p_2}{\gamma} - \left(z_1 + \dfrac{p_1}{\gamma}\right) = \left(\dfrac{\gamma_{\mathrm{汞}} - \gamma}{\gamma}\right)h = \dfrac{133.28 - 9.8}{9.8}h = 12.6h$，代入上式得

$$12.6h = \frac{v_1^2 - v_2^2}{2g} - h_j = \frac{12.45^2 - 3.11^2}{2 \times 9.8} - 4.44 = 2.97$$

$$h = 2.97 \div 12.6 = 0.236(\text{m})$$

本章小结

（1）**沿程水头损失和局部水头损失**

在均匀流和渐变流动中，由于液体具有黏滞性和固体边壁的影响，会使水流在流动的过程中产生水头损失。水力学中根据液流边界状况的不同，将水头损失分为沿程水头损失和局部水头损失。

习题扫一扫

在线题库

沿程水头损失的计算公式为

对于圆管 $h_f = \lambda \dfrac{L}{d} \times \dfrac{v^2}{2g}$

对于非圆管 $h_f = \lambda \dfrac{L}{4R} \times \dfrac{v^2}{2g}$

局部水头损失的计算公式为 $h_j = \zeta \dfrac{v^2}{2g}$

式中，ζ 为局部水头损失系数；λ 为沿程阻力系数；R 为水力半径。

对于某一液流系统，其全部水头损失 h_w 等于各流段沿程水头损失与局部水头损失之和，即 $h_w = h_f + h_j$。

（2）**层流、紊流及雷诺数**

当液体质点做有条不紊的、彼此并不混掺的流动称为层流。各流层的液体质点形成涡体在流动过程中互相混掺的流动称为紊流。在层流和紊流之间的流态称作层流向紊流的过渡。

判定层流和紊流的特征数是雷诺数。雷诺数是一个无量纲数，它反映了作用在水流上的惯性力与黏滞力的对比关系。当雷诺数较小时，表明作用在液体上的黏滞力起主导作用，对液体运动起控制作用。

对于圆管，雷诺数的表达式为 $Re = vd / \nu$。

对于非圆形管道及河渠中的液流，雷诺数可写成 $Re = vR / \nu$。

圆管临界雷诺数 $Re_k = 2320$，对于明渠及天然河道，下临界雷诺数 $Re_k = 500$。

（3）**恒定均匀流的切应力**

在均匀流动中，由于实际液体中存在着切应力 τ，沿程水头损失就是液流在运动时为了克服切应力 τ 而产生的能量损失。切应力 τ 的计算公式为 $\tau = \gamma R'J$。

对于固体壁面上，则有 $\tau_0 = \gamma RJ$。

对于二元明渠恒定均匀流，设其水深为 h，距渠底任一点的水深为 y，切应力公式为

$$\tau = (1 - y/h)\tau_0$$

（4）**圆管层流的水力特性及沿程水头损失的计算**

圆管均匀层流的切应力公式为 $\tau = -\mu \mathrm{d}\mu / \mathrm{d}r$

圆管中的流速分布 $u = \gamma J(r_0^2 - r^2)/(4\mu)$

管轴处最大流速 $u_{max} = \gamma J r_0^2 / (4\mu) = \gamma J d^2 / (16\mu)$

通过圆管的流量 $Q = \gamma J \pi r_0^4 / (8\mu) = \gamma J \pi d^4 / (128\mu)$

断面平均流速 $v = \gamma J d^2 / (32\mu) = u_{max} / 2$

沿程水头损失 $h_f = \dfrac{32Lv}{gd^2}v = \dfrac{64}{vd/v} \times \dfrac{L}{d} \times \dfrac{v^2}{2g} = \dfrac{64}{Re} \times \dfrac{L}{d} \times \dfrac{v^2}{2g}$，$\lambda = 64/Re$

（5）紊流的水力特性

脉动：紊流的特征是流场中一定点上的运动要素（流速、压强等）随时间发生波动，这种现象就叫作运动要素的脉动。

时间平均：目前对紊流运动的分析广泛采用的方法是时间平均法，即把紊流运动看作由两个流动叠加而成，一个是时间平均流动，另一个是脉动流动。紊流运动产生的附加切应力

$$\tau = \tau_1 + \tau_2$$

式中，τ_1 为由于黏滞性而产生的黏滞切应力；τ_2 为由于质点互相掺混碰撞而引起的紊流的附加切应力；τ 为紊流的全部切应力。

黏性底层：普朗特等人的研究表明，紊流具有分区的性质。在边界附近有一很薄的做层流运动的液体，称为黏性底层或近壁层流层，其厚度为 δ；在黏性底层以外，还有一层由层流向紊流过渡的过渡层，其厚度为 δ_1；过渡层以外的液流才属于紊流，称为紊流核心。

（6）尼古拉兹实验沿程阻力系数变化规律

第 I 区，层流区。雷诺数 $Re < 2300$，即 $\lambda = f(Re)$，$\lambda = \dfrac{64}{Re}$。

第 II 区，层流转变为紊流的过渡区。雷诺数 $2300 < Re < 4000$，$\lambda = f(Re)$，但是 λ 与 Re 不再是线性关系。

第 III 区，光滑紊流区。当雷诺数 $4000 < Re$ 时，$\lambda = f(Re)$，但是 λ 与 Re 也是线性关系。

第 IV 区，光滑紊流区转变为粗糙紊流区的过渡区，$\lambda = f\left(Re, \dfrac{\Delta}{d}\right)$。

第 V 区，粗糙紊流区，$\lambda = f\left(\dfrac{\Delta}{d}\right)$。

（7）计算沿程水头损失的经验公式

谢才公式

$$v = C\sqrt{RJ}$$

式中，$C = \sqrt{8g/\lambda}$，λ 为沿程阻力系数。

谢才系数 C 的经验公式有曼宁公式、巴甫洛夫公式等。

① 曼宁公式

$$C = R^{1/6}/n$$

② 巴甫洛夫公式

$$C = R^y/n$$

$$y = 2.5\sqrt{n} - 0.13 - 0.75\sqrt{R}(\sqrt{n} - 0.10)$$

巴甫洛夫公式适应于 $0.1 \leqslant R \leqslant 3.0m$，$0.011 \leqslant n \leqslant 0.04$ 的情况。

曼宁公式和巴甫洛夫公式只能适应于阻力平方区。

习题

4-1　某管道的直径 $d = 100$mm，通过流量 $Q = 0.004$mL/s 的水，水温为 20℃。该管通过相同流量的重燃油，其运动黏度 $\nu = 1.5 \times 10^4$m^3/s。试判别以上两种情况的流态。

4-2　有一梯形断面的深水沟（图 4-15），底宽 $h = 70$cm，断面的边坡系数为 1∶1.5。水深 $h = 40$cm，断面平均流速 $V = 5.0$cm/s，水温为 20℃。试判别水流流态。如果水温和水深都保持不变，问断面平均流速减到多少时水流为层流？

图 4-15　习题 4-2 图

4-3　有一供试验用的圆管，直径为 15mm。今进行沿程水头损失试验，量测段管长为 4.0m，水温为 4℃。试问：（1）当流量 $Q = 0.00002$m^3/s 时，水流所处的流态，并计算该段的沿程水头损失；（2）当水流处于由紊流至层流的临界转变时，量测段的流量和沿程水头损失各为多少？

4-4　有一梯形断面的渠道，已知：底宽 $b = 10$m，均匀流水深 $h = 3$m，边坡系数 1∶1，渠道的粗糙系数 $n = 0.02$，通过的流量 $Q = 39$m^3/s。试求在每公里渠道长度上的水头损失。

4-5　如图 4-16 所示有两个水池，其底部以一水管连通。在恒定的水面差 H 的作用下，水从左水池流入右水池。水管直径 $d = 500$mm，当量粗糙度 $A = 0.6$mm，管总长 $l = 100$m，直角进口 $\zeta_{进} = 0.5$，闸阀的相对开度为 5/8，90°缓弯管的转变半径 $R = 2d$，$\zeta_{90°} = 0.146$，$\zeta_{阀门} = 5.52$，$\zeta_{出} = 1.0$，$\lambda = 0.021$，管中流量为 0.5m^3/s。求两水池水面的高差 H [可以认为出水池（即右水池）的过水断面面积远大于水管的过水断面积]。

图 4-16　习题 4-5 图

4-6　如图 4-17 所示用水泵从蓄水池中抽水，蓄水池中的水由自流管从河中引入。自流管长 $l_1 = 20$m，管径 $d_1 = 150$mm，吸水管长 $l_2 = 12$m，直径 $d_2 = 150$mm，两管的当量粗糙度均为 0.6mm，河流水面与水泵进口断面中点的高差 $h = 2.0$m。自流管的莲蓬头进口，自流管出口入池，吸水管的带底阀的莲蓬头进口，吸水管的缓弯头的局部水头损失系数依次为 $\zeta_1 = 0.2$，

$\zeta_2 = 1.0$，$\zeta_3 = 6.0$，$\zeta_4 = 0.3$，沿程阻力系数 $\lambda = 0.0275$，水泵进口断面处的最大允许真空高度为 6.0m 水头高。求最大的抽水流量。

4-7　有一圆形断面有压隧洞，长 $l = 200$m，通过流量 $Q = 700$m³/s，如果洞的内壁不加衬砌，其平均直径 $d_1 = 7.8$m，粗糙系数 $n = 0.033$，$\lambda = 78.4n^2R^{-1/3}$。如果用混凝土衬砌，则直径 $d_2 = 7.0$m，粗糙系数 $n_2 = 0.014$。试问衬砌方案比不衬砌方案沿程水头损失减少多少?

4-8　如图 4-18 所示，水池底部引出一条直径 $d = 10$cm 的水管，已知水深 $H = 5$m，从水管进口至出口之间的管流的水头损失为 $0.8V^2/2g$（V 为管流的断面平均流速），试求通过管道的水流量 Q。

图 4-17　习题 4-6 图

图 4-18　习题 4-8 图

第 5 章
孔口、管嘴出流和有压管流

 本章要点

- ○ 孔口出流分类及其计算。
- ○ 管嘴出流分类及其计算。
- ○ 有压管流计算。

本章将应用水静力学、水动力学的基本概念和基本方程，对给排水、道路、桥梁等建筑工程中常见的水力现象进行分析研究。

孔口、管嘴和有压管道流动是实际工程中常见的流动典型问题。若在孔壁上开孔，水经孔口流出的水力现象称为孔口出流；若在孔口上连接长为 3~4 倍孔径的短管，水经过短管并在出口断面满管流出的水力现象称为管嘴出流；水沿管道满管流动的水力现象称为有压管流。例如给水排水工程中的取水、泄水闸孔等就是孔口出流问题；水流经过路基下的有压短涵管、水坝中泄水管等都有管嘴出流的计算问题。

动画扫一扫

孔口、管嘴出
流实验

5.1　孔口出流

讨论　孔口出流如何分类? 如何进行水力计算?

当孔口高度与孔口水头 (上游水面至孔口中心的高度) 之比 ≤0.1 时为小孔口; 当>0.1 时为大孔口。当孔壁厚度不影响孔口出流时为薄壁孔口; 反之为厚壁孔口。利用能量方程即可进行水力计算。

学习目标

了解孔口分类, 掌握孔口出流的基本计算方法。

流体经孔口流入大气的出流,称为自由出流,如图 5-1 所示; 若孔口流出的水被另一部分流体所淹没, 称为淹没出流。按照孔壁厚度及形状对出流的影响, 可将孔口出流分为薄壁孔口出流和厚壁孔口出流。如果壁厚不影响水的出流, 水流与孔壁的接触仅在一条轴线上, 称为薄壁孔口; 反之, 则称为厚壁孔口。若孔口的作用水头不变, 这种出流称为恒定出流; 反之, 则称为非恒定出流。若孔径 d (或孔口高度) 与作用水头的比值小于 0.1, 即 $d/H \leq 0.1$, 这种孔口称为小孔口; 若 $d/H > 0.1$, 则称为大孔口。本节将主要讨论薄壁孔口出流。

图 5-1　自由出流

5.1.1　薄壁小孔口恒定出流

(1) 自由出流

如图 5-2 所示, 当流体流经薄壁孔口时, 液体在压强差 $\Delta p = p_1 - p_2$ 的作用下经过薄壁孔口出流时, 由于流体的惯性作用, 流动通过孔口后会继续收缩, 直至最小收缩断面 c—c, 其后水流扩散, 重力起主要作用, 水流向下跌落。实验发现, 在距离容器内壁向外约 $d/2$ 处, 收缩完成, 此时流线相互平行, 符合渐变流条件。下面对作用水头 H 不随时间条件下的恒定孔口出流进行分析。

以 0—0 为基准面, 对图 5-2 所示的 1—1 和 c—c 断面列能量方程式, 令 $\alpha = 1$; 水箱中的水头损失很

图 5-2　薄壁小孔口自由出流

小可以忽略不计, 因此水头损失就只有流经孔口的局部水头损失, 局部水头损失系数用 ζ 表

示，则

$$H + \frac{p_1}{\rho g} + \frac{v_0^2}{2g} = 0 + \frac{p_c}{\rho g} + \frac{v_c^2}{2g} + \zeta \frac{v_c^2}{2g} \tag{5-1}$$

由于 1—1 断面为自由液面，相对压强为零；出口处液体与大气接触，相对压强也为零，则式（5-1）可以改写为

$$H + \frac{v_0^2}{2g} = \frac{v_c^2}{2g} + \zeta \frac{v_c^2}{2g} \tag{5-2}$$

令 $H_0 = H + \dfrac{v_0^2}{2g}$，称为行进流速水头，则式（5-2）可以改写为

$$H_0 = \frac{v_c^2}{2g} + \zeta \frac{v_c^2}{2g} = (1+\zeta)\frac{v_c^2}{2g} \tag{5-3}$$

即

$$v_c = \frac{1}{\sqrt{1+\zeta}}\sqrt{2gH_0} = \varphi\sqrt{2gH_0} \tag{5-4}$$

式中

$$\varphi = \frac{1}{\sqrt{1+\zeta}} \tag{5-5}$$

式中，φ 为孔口的流速系数。由实验可知，孔口流速系数 $\varphi = 0.97 \sim 0.98$。

收缩断面的面积 A_c 与孔口断面面积 A 之比称为孔口的收缩系数，用 ε 表示，则

$$\varepsilon = \frac{A_c}{A} \tag{5-6}$$

孔口流出的水流流量为

$$Q = v_c A_c = \varepsilon A \varphi\sqrt{2gH_0} = \mu A\sqrt{2gH_0} \tag{5-7}$$

式中

$$\mu = \varepsilon\varphi \tag{5-8}$$

式中，μ 为孔口的流量系数。

由实验得，孔口的收缩系数 $\varepsilon = 0.60 \sim 0.64$，一般 $\varepsilon = 0.62$，孔口的流量系数 $\mu = 0.60 \sim 0.62$。

（2）淹没出流

淹没出流的水流流经孔口时，同自由出流一样，由于惯性作用，形成收缩断面，然后扩大。

以 0—0 为基准面，对图 5-3 所示的渐变流 1—1 和 2—2 断面列能量方程式，令 $\alpha = 1$；水箱中的水头损失很小可以忽略不计，因此水头损失就只有流经孔口的局部水头损失，则

图 5-3　薄壁小孔口淹没出流

$$H_1 + \frac{p_1}{\rho g} + \frac{v_0^2}{2g} = H_2 + 0 + \frac{p_a}{\rho g} + \frac{v_2^2}{2g} + \sum\zeta\frac{v_c^2}{2g} \tag{5-9}$$

式中，局部水头损失包括水流经孔口收缩的局部水头损失和经收缩断面后突然扩大的局部水头损失两部分。其中水流经孔口收缩断面后突然扩大的局部阻力系数，因为 $A_2 > A_c$，$\zeta = 1$。

令 $H_0 = H_1 - H_2 + \dfrac{v_1^2}{2g} - \dfrac{v_2^2}{2g}$，因为孔口两侧容器的断面面积远大于孔口面积，由连续性方程，可近似 $v_1 \approx v_2 \approx 0$，则 $H_0 = H$，代入式（5-9）得

$$H_0 = (1 + \zeta)\frac{v_c^2}{2g} \tag{5-10}$$

经变换得孔口淹没出流的基本公式

$$v_c = \frac{1}{\sqrt{1+\zeta}}\sqrt{2gH_0} = \varphi\sqrt{2gH_0} \tag{5-11}$$

水流流量为

$$Q = v_c A_c = \varepsilon A \varphi \sqrt{2gH_0} = \mu A \sqrt{2gH_0} \tag{5-12}$$

$$\mu = \varepsilon \varphi \tag{5-13}$$

可见，薄壁小孔口恒定淹没出流和自由出流的基本公式在形式上完全相同。根据实验结果，孔口淹没出流的流量系数和自由出流的流量系数在数值上很接近，所以计算时常取自由出流的流量系数 μ 值。应该注意的是，在自由出流情况下，孔口的作用水头 H 为水面至孔口形心的深度；而淹没出流的作用水头 H 为孔口上下游水面高差。而且淹没出流孔口断面上各点作用水头相等，流速和流量与孔口在水面下的深度无关，只是压强与孔口在水面下的深度有关，因此淹没出流没有大孔口和小孔口之分。

（3）收缩系数与流量系数的影响因素

从以上分析可知，孔口出流性能主要取决于孔口的收缩系数 ε、流速系数 φ 和流量系数 μ，而流速系数 φ 和流量系数 μ 取决于孔口局部阻力系数 ζ 和收缩系数 ε。在工程中经常遇到的孔口出流，雷诺数 Re 足够大，可以认为 φ 和 μ 与 Re 无关，只和孔口的边界条件有关。

边界条件中，收缩系数 ε 取决于孔口形状、孔口边缘情况和孔口在壁面上的位置。实践证明，薄壁小孔口形状对于流量系数 μ 的影响甚小。而孔口在壁面上的位置对收缩系数 ε 有直接影响，继而也影响流量系数 μ 的值。

图 5-4 表示孔口在壁面上的位置。当孔口离容器的各个壁面都有一定的距离时，流束在孔口四周各方向上均能发生收缩，称此现象为全部收缩，如图 5-4 中的孔口 1 和 2；否则当孔口与容器的壁面存在重合时，称为不全部收缩，如图 5-4 中的孔口 3 和 4。

全部收缩又可分为完善收缩和不完善收缩。当孔口离容器各个壁面的距离均大于孔口边长的 3 倍以上，流束在孔口四周各方向可以充分收缩，容器壁面对流束的收缩没有影响，称之为完善收缩，如图 5-4 中孔口 1；否则称为不完善收缩，如孔口 2 所示。

图 5-4　壁面上的孔口位置

5.1.2　薄壁大孔口恒定出流

薄壁大孔口恒定出流仍可采用式（5-7）或式（5-12）进行计算。但应注意，式中 H_0 为大孔口形心的作用水头。实际工程中，大孔口恒定出流几乎都是不全部收缩和不完善收缩，其流量系数往往都大于小孔口流量系数。大孔口的流量系数可参考表 5-1。

表 5-1　大孔口流量系数 μ 值

孔口收缩情况	流量系数 μ
中型孔口出流，全部收缩	0.65
大型孔口出流，全部、不完善收缩	0.70
底孔出流，底部无收缩，两侧收缩显著	0.65～0.70
底孔出流，底部无收缩，两侧收缩适度	0.70～0.75
底孔出流，底部和两侧均无收缩	0.80～0.85

5.2　水流经管嘴的恒定出流

讨论　管嘴出流正常工作需要哪些条件?

当真空度达到一定程度时，由于液体在低于饱和蒸汽压时会发生气化，从而收缩断面处的真空被破坏，管嘴不能保持满管出流。因此需要限制收缩断面真空度，使管嘴的作用水头 H 有一个极限值，一般规定 $H=9\mathrm{m}$。

管嘴的长度过短，水流收缩后来不及扩大到整个管断面，不能阻止空气进入；管嘴的长度过长，沿程损失增大比重，管嘴出流变为短管出流。管嘴正常工作的长度范围是：$L=(3\sim4)d$。

学习目标

了解管嘴分类，掌握管嘴出流的基本计算方法，真空度的计算及出流条件。

若厚壁孔口的壁厚为孔口直径的 3～4 倍，或在薄壁孔口外接一段管长 $L=(3\sim4)d$ 的短管，并在出口断面满流，这样的短管称为管嘴，如图 5-5 所示。若管嘴不伸入容器内，称外管嘴［如图 5-5 (b) ～ (e)］；若管嘴伸入到容器内，称内管嘴［如图 5-5 (a)］。按管嘴的形状及其连接方式，又可分为：

① 圆柱形外管嘴和圆柱形内管嘴，分别如图 5-5 (a)、(b) 所示。

② 圆锥形收缩管嘴和圆锥形扩散管嘴，分别见图 5-5 (c)、(d)。

③ 流线型管嘴，如图 5-5 (e)。

流体经管嘴并且在管嘴出口断面满管流出

图 5-5　管嘴形式

的流动现象称为管嘴出流。管嘴出流的特点是：当流体进入管嘴后，同样形成收缩，在收缩断面处流体与管壁分离，形成漩涡区，然后又逐渐扩大，在管嘴出口断面上，流体完全充满整个断面。各种管嘴出流的计算方法基本相同，本节主要讨论常见的圆柱形外管嘴出流的计算方法。

5.2.1　圆柱形外管嘴的恒定出流计算

如图 5-6 所示，以 0—0 为基准面，列上游水箱 1—1 断面和管嘴出口 2—2 断面能量方程

$$H + \frac{p_a}{\rho g} + \frac{\alpha_1 v_1^2}{2g} = 0 + \frac{p_a}{\rho g} + \frac{\alpha_2 v_2^2}{2g} + h_{w1\text{-}2} \qquad (5\text{-}14)$$

图 5-6　圆柱形外管嘴出流

式中，$h_{w1\text{-}2}$ 为从 1—1 断面到 2—2 断面的能量损失，包括水流流经孔口的局部损失和经收缩断面后突然扩大的局部损失。由于短管的沿程损失很小，可以忽略不计，即

$$h_{w1\text{-}2} = \zeta_1 \frac{v_c^2}{2g} + \zeta_2 \frac{v_2^2}{2g} \qquad (5\text{-}15)$$

令 $H_0 = H + \dfrac{\alpha_1 v_1^2}{2g}$，将式（5-15）代入式（5-14），整理得

$$H_0 = \zeta_1 \frac{v_c^2}{2g} + \zeta_2 \frac{v_2^2}{2g} + \frac{\alpha_2 v_2^2}{2g} \qquad (5\text{-}16)$$

可得

$$H_0 = \left[\alpha_2 + \zeta_1 + \zeta_2\right] \frac{v_2^2}{2g} \qquad (5\text{-}17)$$

管嘴出流流速为

$$v_2 = \frac{1}{\sqrt{\alpha_2 + \zeta_1 + \zeta_2}} \sqrt{2gH_0} = \varphi \sqrt{2gH_0} \qquad (5\text{-}18)$$

管嘴出流流量为

$$Q = v_2 A = \varphi A \sqrt{2gH_0} = \mu A \sqrt{2gH_0} \qquad (5\text{-}19)$$

式中，$\varphi = \dfrac{1}{\sqrt{\alpha_2 + \zeta_1 + \zeta_2}}$，称为管嘴流速系数，实验研究表明，管嘴损失系数通常趋于一稳定数值，$\zeta_1 + \zeta_2 = 0.5$，$\alpha_2 = 1$，则 $\varphi = \mu = \dfrac{1}{\sqrt{1 + 0.5}} = 0.82$；$\mu$ 称为管嘴流量系数，当管嘴出流时，水流充满出口全部周界，因而收缩系数等于 1，故管嘴出流的流速系数等于流量系数，则 $\mu = \varphi = 0.82$；A 为管嘴过水断面面积。

管嘴出流公式在形式上与孔口出流公式相同，但管嘴的流量系数（$\mu = 0.82$）比孔口出流的（$\mu = 0.62$）大。在相同的水头作用下，同样断面面积的管嘴过水能力比孔口大，所以，工程上常用的泄水装置是管嘴。

5.2.2　圆柱形外管嘴内的真空度

在孔口处加上管嘴后，过水能力增强了，就是由于管嘴在收缩断面 c—c 处存在真空的作用。下面分析管嘴收缩断面真空度的大小。

如图 5-6 所示，以 0—0 基准面，列上游 1—1 断面和收缩断面 c—c 的能量方程

$$H + \frac{p_a}{\rho g} + \frac{\alpha_1 v_1^2}{2g} = \frac{p_c}{\rho g} + \frac{\alpha_c v_c^2}{2g} + \zeta \frac{v_c^2}{2g} \tag{5-20}$$

式中，ζ 为局部水头损失系数，与孔口自由出流的系数相同。令 $H_0 = H + \frac{\alpha_1 v_1^2}{2g}$，1—1 断面自由液面相对压强为零，一并代入式（5-20）得

$$H_0 = \frac{p_c}{\rho g} + (\alpha_c + \zeta) \frac{v_c^2}{2g} \tag{5-21}$$

经变换得孔口淹没出流的基本公式

$$v_c = \frac{1}{\sqrt{\alpha_c + \zeta}} \sqrt{2gH_0 - \frac{p_c}{\rho g}} = \varphi \sqrt{2gH_0 - \frac{p_c}{\rho g}} \tag{5-22}$$

式中，$\varphi = \frac{1}{\sqrt{\alpha_c + \zeta}}$，为管嘴出流的流速系数，与孔口出流的流速系数基本相同。

通过管嘴的水流流量为

$$Q = v_c A_c = \varepsilon A \varphi \sqrt{2gH_0 - \frac{p_c}{\rho g}} = \mu A \sqrt{2gH_0 - \frac{p_c}{\rho g}} \tag{5-23}$$

式中，ε 为孔口的收缩系数，$\varepsilon = \frac{A_c}{A}$；$\mu$ 为管嘴出流的流量系数，$\mu = \varepsilon \varphi$。这两个系数与孔口出流时的值相同。

比较式（5-7）和式（5-23），当孔口和管嘴的断面面积相同，即 μ 和 A 相同时，因管嘴流量比孔口的大，则可以推出 $\frac{p_c}{\rho g}$ 为负值，即 c — c 断面存在真空。

下面以 0 —0 为基准面，列 c — c 断面和 1 — 1 断面的能量方程，来推求 $\frac{p_c}{\rho g}$ 的值，方程如下：

$$0 + \frac{p_c}{\rho g} + \frac{\alpha_c v_c^2}{2g} = 0 + \frac{p_a}{\rho g} + \frac{\alpha_2 v_2^2}{2g} + h_{wc\text{-}2} \tag{5-24}$$

式中，$h_{wc\text{-}2}$ 为收缩断面后突然扩大的局部损失，$h_{wc\text{-}2} = \zeta_2 \frac{v_2^2}{2g}$。由表 4-5 可知 $\zeta_2 = \left(\frac{A_2}{A_c} - 1 \right)^2$，$v_c = \frac{v_2}{\varepsilon}$，代入式（5-24），经整理得

$$\frac{p_a - p_c}{\rho g} = \left[\frac{\alpha_c}{\varepsilon^2} - \alpha_2 - \left(\frac{1-\varepsilon}{\varepsilon} \right)^2 \right] \frac{v_2^2}{2g} \tag{5-25}$$

将式（5-18）代入式（5-25），可得

$$\frac{p_\mathrm{a}-p_c}{\rho g}=\left[\frac{\alpha_c}{\varepsilon^2}-\alpha_2-\left(\frac{1-\varepsilon}{\varepsilon}\right)^2\right]\varphi^2 H_0 \tag{5-26}$$

取 $\alpha_c=\alpha_2=1.0$；对于圆柱形外管嘴，由实验测得 $\varepsilon=0.64$、$\varphi=0.82$。则管嘴收缩断面的真空度为

$$\frac{p_v}{\rho g}=\frac{p_\mathrm{a}-p_c}{\rho g}=0.756H_0 \tag{5-27}$$

由此说明管嘴收缩断面处的真空度可达作用总水头的 0.756 倍，相当于把管嘴的作用总水头增加了 75%，所以过水能力得到增大。

5.2.3　圆柱形外管嘴的出流条件

从式（5-27）可以看出，作用总水头 H_0 越大，收缩断面的真空度越大。根据实验结果，当真空度达到 7m 以上时，由于液体在低于饱和蒸气压时将发生汽化，或空气由管嘴出口处吸入，从而使真空破坏。所以管嘴的作用水头必须满足的条件为

$$H_0<[H_0]=\frac{7}{0.75}\approx 9(\mathrm{m}) \tag{5-28}$$

此外，对管嘴的长度也有限制。如果管嘴过短，水流收缩后来不及扩散到整个断面，则不能形成真空区；反之，管嘴太长，则沿程水头损失增大，流量反而减小。一般管嘴的长度应为管嘴直径的 3～4 倍。

【例 5-1】水箱侧壁一完善收缩的薄壁小圆孔外接圆柱形外管嘴，如图 5-6 所示。已知直径 d=2cm，水头 H=2.0m，试求流量及管嘴内的真空度。

解：$Q=\mu A\sqrt{2gH_0}$，查表 5-1，取 $\mu=0.82$。

流量：$Q=0.82\times\dfrac{\pi\times0.02^2}{4}\times\sqrt{2\times9.8\times2}=0.00161(\mathrm{m}^3/\mathrm{s})$

真空度：$\dfrac{p_v}{\rho g}=h_v=0.75H_0=0.75\times2=1.5(\mathrm{mH_2O})$

5.3　简单管道水力计算

　　讨论　长管和短管的区别是什么？

水头损失中主要是沿程损失的属于长管，局部损失为主或局部损失沿程损失相当的都属于短管。

　　学习目标

了解管道的分类；掌握简单管道短管的自由出流和淹没出流，长管的水力计算；掌握简单管道水力计算的应用。

管道是工程实际中输送流体的重要设备，其水力计算方法与前面的孔口、管嘴出流计算相似，只是需要同时考虑沿程水头损失和局部水头损失。

根据局部水头损失占沿程水头损失比重的大小，可将管道分为长管和短管。在管道系统中，如果管道的水头损失以沿程水头损失为主，局部水头损失和流速水头所占比重很小（通常小于5%），在计算中可以忽略，这样的管道称为长管。否则，称为短管。必须注意，长管和短管不是简单地从管道长度来区分的，而是按局部水头损失和流速水头所占比重大小来划分的。实际计算中，水泵装置、水轮机装置、虹吸管、倒虹吸管、坝内泄水管等均应按短管计算；远距离输水管等可认为是长管。

根据管道的平面布置情况，可将管道系统分为简单管道和复杂管道两大类。简单管道是指管径不变且无分支的管道。水泵的吸水管、虹吸管等都是简单管道的例子。由两根以上管道组成的管道系统称为复杂管道。各种不同直径管道组成的串联管道、并联管道、枝状和环状管网等都是复杂管道的例子。

本节主要介绍简单管道短管、长管的基本计算公式，并以虹吸管、倒虹吸管及离心泵管道系统为例介绍实际工程中应用。

5.3.1 短管的水力计算

（1）短管自由出流

如图 5-7 所示，水由水池经短管流入大气，这种情况属于自由出流。以 0—0 为基准面，列上游水箱下 1—1 断面和下游出口 2—2 断面能量方程

$$H + \frac{p_a}{\gamma} + \frac{\alpha_1 v_1^2}{2g} = 0 + \frac{p_a}{\gamma} + \frac{\alpha_2 v_2^2}{2g} + h_{w1-2} \tag{5-29}$$

图 5-7 短管自由出流水力计算

作用水头 $H_0 = H + \dfrac{\alpha_1 v_1^2}{2g}$；1—1 断面和 2—2 断面相对压强为零，则 $\dfrac{p_a}{\gamma} = 0$；水头损失 h_{w1-2} 为从 1—1 断面到 2—2 断面的所有的沿程损失和局部损失之和。水头损失 h_w 可表示为

$$h_w = \sum h_f + \sum h_j = \sum_i \lambda \frac{l_i}{d_i} \times \frac{v_i^2}{2g} + \sum_k \zeta_k \frac{v_k^2}{2g} \tag{5-30}$$

式中，第 i 段管道的直径为 d_i ，长度为 l_i ，流速为 v_i ，沿程损失系数为 λ_i ；ζ_k 为某处的局部损失系数。

则
$$H_0 = \frac{\alpha_2 v_2^2}{2g} + \sum_i \lambda \frac{l_i}{d_i} \times \frac{v_i^2}{2g} + \sum_k \zeta_k \frac{v_k^2}{2g} \qquad (5\text{-}31)$$

对于管径不变的简单管道，v_k 和 v_i 不变，且 $v_k = v_i = v$ ，并取 $\alpha_2 = 1$ ，式（5-30）简化为

$$H_0 = \left(1 + \sum \lambda \frac{l}{d} + \sum \zeta\right) \frac{v^2}{2g} \qquad (5\text{-}32)$$

将式（5-32）整理得

$$v = \frac{1}{\sqrt{1 + \sum \lambda \dfrac{l}{d} + \sum \zeta}} \sqrt{2gH_0} \qquad (5\text{-}33)$$

若管道出口断面面积为 A ，则管道的流量为

$$Q = vA = \frac{1}{\sqrt{1 + \sum \lambda \dfrac{l}{d} + \sum \zeta}} A\sqrt{2gH_0} = \mu_c A\sqrt{2gH_0} \qquad (5\text{-}34)$$

式中，μ_c 为短管的流量系数。

$$\mu_c = \frac{1}{\sqrt{1 + \sum \lambda \dfrac{l}{d} + \sum \zeta}} \qquad (5\text{-}35)$$

一般水池液面面积远大于管道出口面积，v_1 较小，可以忽略不计，则作用水头 $H_0 \approx H$ ，则式（5-34）改写成

$$Q = \mu_c A\sqrt{2gH} \qquad (5\text{-}36)$$

（2）短管淹没出流

如图 5-8 所示，水由上游水池经短管流入下游水池，这种情况属于淹没出流。以下游水池水面 0—0 为基准面，列上游水箱下 1—1 断面和下游水箱 2—2 断面能量方程

图 5-8　短管淹没出流水力计算

$$H + \frac{p_a}{\gamma} + \frac{\alpha_1 v_1^2}{2g} = 0 + \frac{p_a}{\gamma} + \frac{\alpha_2 v_2^2}{2g} + h_{w1-2} \tag{5-37}$$

作用水头 $H_0 = H + \frac{\alpha_1 v_1^2}{2g}$；1—1 断面和 2—2 断面相对压强为零，则 $\frac{p_a}{\gamma} = 0$；水头损失 h_{w1-2} 为从 1—1 断面到 2—2 断面的所有的沿程损失和局部损失之和，与自由出流相比，水头损失增加了一个出口的局部水头损失，一般下游水箱过水断面面积远远大于管道横截面积，所以出口处的局部阻力系数可以取 1。则水头损失 h_w 可表示为

$$h_w = \sum h_f + \sum h_j = \sum_i \lambda \frac{l_i}{d_i} \times \frac{v_i^2}{2g} + \sum_k \zeta_k \frac{v_k^2}{2g} \tag{5-38}$$

式中，第 i 段管道的直径为 d_i，长度为 l_i，流速为 v_i，沿程损失系数为 λ_i；v_k 为局部流速；ζ_k 为某处的局部损失系数。

则

$$H_0 = \frac{\alpha_2 v_2^2}{2g} + \sum_i \lambda \frac{l_i}{d_i} \times \frac{v_i^2}{2g} + \sum_k \zeta_k \frac{v_k^2}{2g} \tag{5-39}$$

对于管径不变的简单管道，v_k 和 v_i 不变，且 $v_k = v_i = v$，下游水池液面面积远大于管道出口面积，v_2 较小，可以忽略不计，式（5-39）简化为

$$H_0 = \left(\sum \lambda \frac{l}{d} + \sum \zeta \right) \frac{v^2}{2g} \tag{5-40}$$

将式（5-40）整理得

$$v = \frac{1}{\sqrt{\sum \lambda \frac{l}{d} + \sum \zeta}} \sqrt{2gH_0} \tag{5-41}$$

若管道出口断面面积为 A，则管道的流量为

$$Q = vA = \frac{1}{\sqrt{\sum \lambda \frac{l}{d} + \sum \zeta}} A\sqrt{2gH_0} = \mu_c A\sqrt{2gH_0} \tag{5-42}$$

式中，μ_c 为短管的流量系数。

$$\mu_c = \frac{1}{\sqrt{\sum \lambda \frac{l}{d} + \sum \zeta}} \tag{5-43}$$

一般上游水池液面面积远大于管出口面积，v_1 较小，可以忽略不计，则作用水头 $H_0 \approx H$，则式（5-42）改写成

$$Q = \mu_c A\sqrt{2gH} \tag{5-44}$$

对比短管自由出流和淹没出流的公式可以看出，二者的公式形式及流量系数均相同。但自由出流的作用水头是短管出口中心与上游水箱水位的高差，而淹没出流的作用水头是上下游两水箱的水位差。此外，两种管道中的压强不相同。

（3）短管水力计算问题

① 计算输水能力。管道布置形式、管长、管径、作用水头已知，求管道通过的流量，可利用简单管道水力计算公式计算流量。

【例 5-2】 一圆形有压涵管，如图 5-8 所示。管内充满流体，上、下游水位差 $H = 1.5\text{m}$，管长 $L = 15\text{m}$，沿程阻力系数 $\lambda = 0.04$，$\sum \zeta = 1.5$，流量 $Q = 2.5\text{m}^3/\text{s}$，试求涵管的直径 d。

解：由淹没短管流量公式（5-44）知：

$$Q = \mu_c A \sqrt{2gH} = \frac{1}{\sqrt{\sum \lambda \frac{l}{d} + \sum \zeta}} A \sqrt{2gH} = \frac{1}{\sqrt{0.04 \times \frac{15}{d} + 1.5}} \times \frac{1}{4} \pi d^2 \sqrt{2 \times 9.8 \times 1.5}$$

化简后有：$d^5 - 0.52d - 0.21 = 0$

由试算法得 $d = 0.93\text{m}$，在工程实践中常选接近或稍大于该值的标准涵管尺寸。

② 计算作用水头。管道布置形式、管长、管径、流量已知时，求作用水头，可利用简单管道水力计算公式计算作用水头。

③ 确定管径。

a. 管道布置形式、管长、流量、作用水头均已知时，求管径。此时管径是一个确定的数值。

对长管 $K = \dfrac{Q}{\sqrt{\dfrac{h}{l}}}$，求出流量模数之后，可直接求得管径。

对短管 $d = \sqrt{\dfrac{4Q}{\pi \mu_c \sqrt{2gH_0}}}$，此时不能直接求解，需试算确定管径。

b. 当管道布置形式、管长、流量已知时，要求确定管径和作用水头两者。

这种情况下，管径 d 由技术经济条件确定，即需要从技术经济两方面综合考虑确定管径。

从管道使用的技术要求考虑，流量一定时，管径的大小与流速有关。若管内流速过大，会由于水击作用而使管道遭到破坏；对水流中挟带泥砂的管道，管道流速又不能过小，流速太小往往造成管道淤积。一般水电站引水管道 $v \leqslant 5 \sim 6\text{m/s}$，一般给水管道 $v \leqslant 2.5 \sim 3.0\text{m/s}$，同时要求 $v > 0.25\text{m/s}$。

从管道的经济效益考虑，选择的管径较小，管道造价较低，但管内流速大，水头损失增大，年运行费高；反过来，选择的管径较大，管道造价较高，但管内流速小，水头损失小，年运行费低。针对这种情况，提出了经济流速的概念。经济流速是指管道投资与年运行费总和最小时的流速，相应的管径称为经济管径，即采用经济流速（v_e）来确定管径。根据经验，水电站压力隧洞的经济流速约为 $2.5 \sim 3.5\text{m/s}$，压力钢管 $3 \sim 6\text{m/s}$。一般的给水管道，$d = 100 \sim 200\text{mm}$，$v_e = 0.6 \sim 1.0\text{m/s}$；$d = 200 \sim 400\text{mm}$，$v_e = 1.0 \sim 1.4\text{m/s}$。

经济流速涉及的因素较多，比较复杂。选择时应注意因时因地而异。重要的工程应选择几个方案进行技术经济比较。选定经济流速之后，经济管径可按下式计算

$$d_e = \sqrt{\frac{4Q}{\pi v}}$$

求出 d_e 并进行处理之后，验证管道流速，要求这个流速值必须满足管道使用对流速的技术要求。

当确定管径之后，作用水头的计算按上述第二种类型计算即可。

④ 确定断面压强的大小。已知管线布置、管长、管径、流量及作用水头，求某一断面压强的大小，可利用简单管道水力计算公式计算。

5.3.2 长管的水力计算

如图 5-9 所示，设有一长管直径为 d、长度为 l，上游与水箱连接，下游与大气接触，上游水箱液面与管出口间高差为 H，以下游出口 0—0 为基准面，列 1—1 和 2—2 断面能量方程，得

$$H + \frac{p_{\mathrm{a}}}{\gamma} + \frac{\alpha_1 v_1^2}{2g} = 0 + \frac{p_{\mathrm{a}}}{\gamma} + \frac{\alpha_1 v_2^2}{2g} + h_{\mathrm{w1\text{-}2}} \tag{5-45}$$

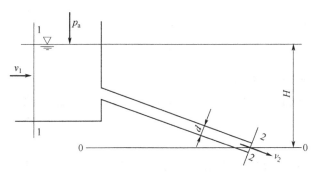

图 5-9 长管水力计算

因水池液面较大，$v_1 \approx 0$，行进流速水头 $\frac{\alpha_1 v_1^2}{2g} \approx 0$。长管忽略局部水头损失和出口速度水头，则式（5-45）可简化为

$$H = h_{\mathrm{w1\text{-}2}} = h_{\mathrm{f1\text{-}2}} = \lambda \frac{l}{d} \times \frac{v_2^2}{2g} \tag{5-46}$$

若已知管道流量 Q，由连续性方程，则管道出口平均流速 $v_2 = \frac{4Q}{\pi d^2}$，代入式（5-46）得

$$H = \frac{8\lambda}{g\pi^2 d^5} l Q^2 \tag{5-47}$$

令 $S = \frac{8\lambda}{g\pi^2 d^5}$，则式（5-47）可以改写为

$$H = S l Q^2 \tag{5-48}$$

式中，S 为管道比阻，是指单位流量通过单位长度管道所需水头。管道比阻 S 取决于管径 d 和沿程阻力系数 λ。

5.3.3 简单管道水力计算的应用

（1）虹吸管

虹吸管 [图 5-10（a）] 是指一部分管轴线高于上游水面，而出口又低于上游水面的有压输水管道。出口可以是自由出流，也可以是淹没出流。倒虹吸管 [图 5-10（b）] 与虹吸管正好相反，管道一般低于上下游水面，依靠上下游水位差的作用进行输水。倒虹吸管常用在不便直接跨越的地方，例如过江有压涵管，埋设在铁路、公路下的输水涵管等。倒虹吸管的管道一般不

太长，也可按短管计算。

(a) 虹吸管　　　　　　　　　　(b) 倒虹吸管

图 5-10　虹吸管与倒虹吸管

虹吸管的工作原理是：先将管内空气排出，使管内形成一定的真空度，由于虹吸管进口处水流的压强大于大气压强，在管内外形成了压强差，从而使水流由压强大的地方流向压强小的地方。保证在虹吸管中形成一定的真空度和一定的上下游水位差，水就可以不断地从上游经虹吸管流向下游。

但虹吸管的真空度过大时，会汽化产生气泡，将破坏虹吸管的正常工作，一般虹吸管顶部的允许真空度限制在 6~7m 以下。

虹吸管引水、输水已广泛地用于实际工程中，如黄河下游虹吸管引黄灌溉，水工中的虹吸式溢洪道等都是利用虹吸管原理进行工作的。

虹吸管水力计算主要是确定虹吸管输水量和虹吸管顶部的允许安装高程两个问题。

【例 5-3】利用虹吸管将渠道中的水输到集水池，如图 5-11 所示。已知虹吸管管径 $d=200\text{mm}$，管长 $l_1=120\text{m}$，$l_2=100\text{m}$，$l_3=90\text{m}$，沿程阻力系数 $\lambda=0.03$，中间有 60° 的两个弯头，进水底阀、弯头、出口的局部损失系数分别为 $\zeta_1=3.0$，$\zeta_2=\zeta_3=0.55$，$\zeta_4=1.0$。渠道与集水池的水位可视为恒定，其水位差 $z=0.65\,\text{m}$。虹吸管允许的真空高度 $h_v=7\,\text{mH}_2\text{O}$。试求虹吸管的输水流量 Q 和顶部的允许安装高度 h_s。

图 5-11　例 5-3 图

解：设虹吸管进出水过流断面 1—1 和 2—2，并将两断面分别与水面的交点取为控制计算点列出伯努利方程

$$z+\frac{p_a}{\gamma}+\frac{\alpha_1 v_1^2}{2g}=0+\frac{p_a}{\gamma}+\frac{\alpha_1 v_2^2}{2g}+h_w$$

由于水面面积均很大，v_1 和 v_2 一般较小，可以忽略不计，则 $z=h_w$，而

$$h_w=\left(\lambda\frac{l}{d}+\sum_{i=1}^{4}\zeta_i\right)\frac{v^2}{2g}$$

即 $0.65=\left(0.03\times\dfrac{120+100+90}{0.2}+3.0+2\times0.55+1.0\right)\dfrac{v^2}{2g}$

解得　$v=0.497$ m/s

故　$Q=\dfrac{\pi}{4}d^2v=\dfrac{\pi}{4}\times0.02^2\times0.497=1.56\times10^{-4}(\text{m}^3/\text{s})$

虹吸管顶部的允许安装高度 h_s 处的真空度最大，故以断面 1—1 与渠道水面的交点和顶部断面 3—3 与管轴线交点取为控制计算点列出伯努利方程：

$$0+\frac{p_a}{\gamma}+\frac{v_1^2}{2g}=h_s+\frac{p_3}{\gamma}+\frac{v^2}{2g}+h_{w1-3}$$

$$h_v=\frac{p_a-p_3}{\gamma}=h_s+\frac{v^2}{2g}+h_{w1-3}\quad(\text{此处考虑两处弯头的局部水头损失})$$

因此

$$h_s=h_v-\frac{v^2}{2g}-h_{w1-3}=7.0-\left(1+0.03\times\frac{120+100}{0.2}+3.0+2\times0.55\right)\times\frac{0.497^2}{2\times9.81}=6.52(\text{m})$$

（2）离心泵管道系统水力计算

吸水管、离心泵及其配套的动力机械、压水管及其管道附件组成了离心泵装置。离心泵管道系统水力计算的主要任务是确定水泵的安装高度、水泵扬程及水泵的装机容量。离心泵安装高度是指水泵转轮轴线超出上游水池水面的几何高度。

① 水泵（图 5-12）的最大允许安装高程 Z_s，主要取决于水泵的最大允许真空度 h_v 和吸水管的水头损失 $h_{w吸}$。

图 5-12　水泵装置

如图 5-12 所示，以 0—0 为基准面，列 1—1 和 2—2 断面能量方程，得水泵安装高度计算公式

$$Z_s = \frac{p_a - p_2}{\rho g} - \frac{\alpha_1 v^2}{2g} - h_{w1-2} \tag{5-49}$$

式中，$\dfrac{p_a - p_2}{\gamma}$ 为水泵进口断面的真空度。过大的真空度将引起过泵水流的空化现象，严重的空化将导致过泵流量减少和水泵叶轮的空蚀。这样，就不能保证泵的正常工作。为此，各水泵制造商对各种型号的水泵的允许真空值都有规定，应用过程中应从产品样本中查阅相应型号水泵的允许真空值，避免粗略估算。水泵的安装高度要受到允许吸上真空高度的限制。

② 水泵的扬程 H。单位重量液体从水泵获得的能量称为水泵扬程。对如图 5-12 所示的水泵管道系统，以 0—0 为基准面，列 1—1 和 4—4 断面能量方程，得水泵扬程为

$$H = Z + h_{w1-4} \tag{5-50}$$

式中，Z 为上下游水位差，即给水高度。式（5-50）表明：水泵的扬程一方面用来将水提升几何给水高度 Z，另一方面用来克服整个水泵管道系统的水头损失 h_w。

③ 确定水泵的装机容量（轴功率）N。水泵在单位时间内所做的轴功率为

$$N = \frac{\rho g Q H}{\eta} \tag{5-51}$$

式中，η 为水泵效率。

【例 5-4】用水泵把吸水池中的水抽送到水塔上去，如图 5-13 所示。抽水量为 $0.07\text{m}^3/\text{s}$，管道总长（包括吸水管和压水管）为 1500m，管径 $d = 250\text{mm}$，沿程阻力系数 $\lambda = 0.025$，局部阻力系数之和为 $\sum \zeta = 6.72$，吸水池水面到水塔水面的液面高差 $H_1 = 20\text{m}$，求水泵的扬程 H。

图 5-13 例 5-4 图

解：由连续性方程得：$v = \dfrac{Q}{A} = \dfrac{0.07}{\dfrac{\pi}{4} \times 0.25^2} = 1.426(\text{m/s})$

由伯努利方程得：

$$H = H_1 + \left(\lambda \frac{L}{d} + \sum \zeta \right) \frac{v^2}{2g}$$

$$H = 20 + \left(0.025 \times \frac{1500}{0.25} + 6.72 \right) \times \frac{1.426^2}{2 \times 9.8} = 36.26(\text{m})$$

本章小结

孔口、管嘴和有压管道流动问题是实际工程中常见的流动问题。本章以连续性方程、能量方程及水头损失规律为理论基础，分析和解决孔口、管嘴及有压管道的水力计算问题。

1. 孔口出流

按照孔壁厚度及形状对出流的影响，可将孔口出流分为薄壁孔口出流和厚壁孔口出流。如果壁厚不影响水的出流，水流与孔壁的接触仅在一条轴线上，称为薄壁孔口；反之，则称为厚壁孔口。

（1）孔口自由出流的流量公式为

$$Q = v_c A_c = \varepsilon A \varphi \sqrt{2gH_0} = \mu A \sqrt{2gH_0}$$

式中，φ 为孔口的流速系数；ε 为孔口的收缩系数；μ 为孔口的流量系数，$\mu = \varepsilon \varphi$。

（2）孔口淹没出流的基本公式

$$Q = v_c A_c = \varepsilon A \varphi \sqrt{2gH_0} = \mu A \sqrt{2gH_0}$$

式中，φ 为孔口的流速系数；ε 为孔口的收缩系数；μ 为孔口的流量系数，$\mu = \varepsilon \varphi$。

可见，薄壁小孔口恒定淹没出流和自由出流的基本公式在形式上完全相同。

（3）收缩系数与流量系数的影响因素

孔口出流性能主要取决于孔口的收缩系数 ε、流速系数 φ 和流量系数 μ，而流速系数 φ 和流量系数 μ 取决于孔口局部阻力系数 ζ 和收缩系数 ε。

当孔口离容器的各个壁面都有一定的距离时，流束在孔口四周各方向上均能发生收缩，称此现象为全部收缩；否则当孔口与容器的壁面存在重合时，称为不全部收缩。全部收缩又可分为完善收缩和不完善收缩。当孔口离容器各个壁面的距离均大于孔口边长的 3 倍以上，流束在孔口四周各方向可以充分收缩，容器壁面对流束的收缩没有影响，称之为完善收缩；否则称为不完善收缩。

2. 管嘴出流

若厚壁孔口的壁厚为孔口直径的 3～4 倍，或在薄壁孔口外接一段管长 $L = (3 \sim 4)d$ 短管，并在出口断面满流，这样的短管称为管嘴。若管嘴不伸入容器内，称外管嘴；若管嘴伸入到容器内，称内管嘴。

流体经管嘴并且在管嘴出口断面满管流出的流动现象称为管嘴出流。

（1）圆柱形外管嘴自由出流基本公式

$$Q = vA = \varphi A \sqrt{2gH_0} = \mu A \sqrt{2gH_0}$$

式中，φ 为管嘴流速系数；$\varphi = \dfrac{1}{\sqrt{\alpha_2 + \zeta_1 + \zeta_2}}$；$\mu$ 为管嘴流量系数。

（2）圆柱形外管嘴内的真空度

在孔口处加上管嘴后，过水能力增大了，就是由于管嘴在收缩断面 c—c 处存在真空的作用。管嘴收缩断面的真空度为

$$\frac{p_v}{\rho g} = \frac{p_a - p_c}{\rho g} = 0.756H_0$$

由此说明，管嘴收缩断面处的真空度可达作用总水头的 0.756 倍，相当于把管嘴的作用总水头增加了 75%，所以过水能力得到增大。

（3）圆柱形外管嘴的出流条件

管嘴的作用水头必须满足的条件为

$$H_0 < [H_0] = \frac{7}{0.75} \approx 9 \text{(m)}$$

管嘴的长度也有限制，一般管嘴的长度应为管嘴直径的 3～4 倍。

3. 简单管道水力计算

根据局部水头损失占沿程水头损失比重的大小，可将管道分为长管和短管。在管道系统中，如果管道的水头损失以沿程水头损失为主，局部水头损失和流速水头在计算中忽略不计，这样的管道称为长管；否则，称为短管。

根据管道的平面布置情况，可将管道系统分为简单管道和复杂管道两大类。简单管道是指管径不变且无分支的管道。由两根以上管道组成的管道系统称为复杂管道。

（1）**短管的水力计算**

① 短管自由出流的流量

$$Q = vA = \frac{1}{\sqrt{1 + \sum \lambda \dfrac{l}{d} + \sum \zeta}} A\sqrt{2gH_0} = \mu_c A\sqrt{2gH_0}$$

式中，μ_c 为短管的流量系数，$\mu_c = \dfrac{1}{\sqrt{1 + \sum \lambda \dfrac{l}{d} + \sum \zeta}}$。

② 短管淹没出流的流量

$$Q = vA = \frac{1}{\sqrt{\sum \lambda \dfrac{l}{d} + \sum \zeta}} A\sqrt{2gH_0} = \mu_c A\sqrt{2gH_0}$$

式中，μ_c 为短管的流量系数，$\mu_c = \dfrac{1}{\sqrt{\sum \lambda \dfrac{l}{d} + \sum \zeta}}$。

③ 短管水力计算问题。包括输水能力、作用水头、管径、断面压强的大小等的计算。

已知管线布置、管长、管径、流量及作用水头，求某一断面压强的大小，可利用简单管道水力计算公式计算。

（2）**长管的水力计算**

$$H = SlQ^2$$

式中，S 为管道比阻，$S = \dfrac{8\lambda}{g\pi^2 d^5}$，是指单位流量通过单位长度管道所需水头。管道比阻 S 取决于管径 d 和沿程阻力系数 λ。

（3）简单管道水力计算的应用

① 虹吸管。虹吸管是指一部分管轴线高于上游水面，而出口又低于上游水面的有压输水管道。出口可以是自由出流，也可以是淹没出流。虹吸管水力计算主要是确定虹吸管输水量和虹吸管顶部的允许安装高程两个问题。

② 离心泵管道系统水力计算。吸水管、离心泵及其配套的动力机械、压水管及其管道附件组成了离心泵装置。离心泵管道系统水力计算的主要任务是确定水泵的安装高度、水泵扬程及水泵的装机容量。离心泵安装高度是指水泵转轮轴线超出上游水池水面的几何高度。

水泵的最大允许安装高程 Z_s，主要取决于水泵的最大允许真空度 h_v 和吸水管的水头损失 $h_{w吸}$ 。

$$Z_s = \frac{p_a - p_2}{\rho g} - \frac{\alpha_1 v^2}{2g} - h_{w1-2}$$

式中，$\frac{p_a - p_2}{\gamma}$ 为水泵进口断面的真空度。

单位重量液体从水泵获得的能量称为水泵扬程，水泵扬程为

$$H = Z + h_{w1-4}$$

水泵在单位时间内所做的轴功率为

$$N = \frac{\rho g Q H}{\eta}$$

式中，η 为水泵效率。

习题

5-1　有一串联管道如图 5-14 所示。各管段的长度、管径、沿程阻力系数分别为：$l_1 = 2m$，$l_2 = 1.5m$，$l_3 = 5m$；$d_1 = 50mm$，$d_2 = 100mm$，$d_3 = 75mm$；$\lambda_1 = \lambda_2 = \lambda_3 = 0.032$。闸处的局部损失系数为 0.1，折管处的局部损失系数为 0.5，管道的设计输水流量为 $Q = 0.035m^3/s$。求作用水头 H，并绘制总水头线和测压管水头线。

5-2　如图 5-15 所示的倒虹吸管，管径 $d = 1m$，管长 $l = 50m$，上下游水面差 $H = 3m$，若倒虹吸管的沿程阻力系数和局部阻力系数分为：$\lambda = 0.02$，进口 $\zeta_1 = 0.5$，弯头 $\zeta_2 = 0.25$，出口 $\zeta_3 = 1.0$，试求通过倒虹吸管的流量。

图 5-14　习题 5-1 图　　　　　　　　　图 5-15　习题 5-2 图

5-3　有一虹吸管输水管道如图 5-16，虹吸管的长度、管径、粗糙系数分别为：$l_1 = 13m$，$l_2 = 20m$，$l_3 = 15m$；$d = 1.0m$；$n = 0.014$。进出口的局部损失系数分别为 0.5 和 1.0，折管处的局

部损失系数为 0.183,沿程阻力系数 $\lambda = 0.0244$。试求:(1)当上下游水面差为 $Z = 1.0\text{m}$ 时,虹吸管的输水流量为多少?(2)当虹吸管中的最大允许真空值为 $h = 7\text{m}$ 时,虹吸管的最大安装高度 h_s 为多少?

5-4 如图 5-17 所示,某离心泵抽水管道系统,已知抽水流量 $Q = 30\text{L/s}$,上下水池的水面高程分别为 $Z_1 = 30\text{m}$,$Z_2 = 55\text{m}$,吸水管长度 $l_1 = 15\text{m}$,管径 $d_1 = 200\text{mm}$,压水管长度 $l_2 = 200\text{m}$,管径 $d_2 = 150\text{mm}$,各管段的沿程阻力系数均为 0.038,各局部阻力系数分别为 $\zeta_1 = 5.0$,$\zeta_2 = 1.0$,$\zeta_3 = 0.10$,$\zeta_4 = 0.11$,水泵最大允许真空值为 7m。试:(1)确定水泵的最大安装高度;(2)计算水泵的扬程;(3)绘制管道系统的总水头线和测压管水头线。

图 5-16 习题 5-3 图   图 5-17 习题 5-4 图

5-5 薄壁孔口出流如图 5-18 所示,直径 $d = 2\text{cm}$,水箱水位恒定 $H = 2\text{m}$。试求:(1)孔口流量;(2)此孔口外接圆柱形管嘴的流量;(3)管嘴收缩断面的真空度。

5-6 在混凝土坝中设置一泄水管,如图 5-19 所示,管长 $l = 4\text{m}$,管轴处的水头 $H = 6\text{m}$。现需通过流量 $Q = 10\text{m}^3/\text{s}$,若流量系数 $\mu = 0.82$,试确定所需管径 d,并求管中水流收缩断面处的真空度。

图 5-18 习题 5-5 图   图 5-19 习题 5-6 图

第6章
明渠流动

 本章要点

- 明渠水流的分类和特征。
- 明渠均匀流的特点和形成条件，明渠均匀流公式及水力计算。
- 水力最优断面和允许流速。
- 明渠水流三种流态的运动特征和判别方法。
- 矩形断面明渠临界水深 h_k 的计算公式。
- 水跃和水跌现象，共轭水深、能量损失和水跃长度的计算。
- 进行水面线定性分析、水面线定量计算。

中国的治水思路实现了从传统水利向现代水利、可持续发展水利的重大转变。三峡水利枢纽工程、小浪底水利枢纽工程、南水北调工程，这些工程都是水力学明渠流动应用成功的典型案例。

这些工程的整体布局和运用，充分利用了弯道水流及泥砂输运的机理，使非汛期灌溉和汛期排洪的效果达到了极高的科学水平，堪称典范。其中南水北调和三峡水利枢纽等当代宏大水利工程，在明渠非恒定流和消能措施方面也都取得了举世瞩目的成就。

6.1　明渠的几何特性

讨论　明渠底坡可以分为哪些类型？判别标准是什么？

$i>0$ 时，渠底高程沿程下降的渠道，称为顺坡渠道；$i=0$ 时，渠底高程沿程不变的渠道，称为平坡渠道；$i<0$ 时渠底高程沿程上升的渠道，称为逆坡渠道。

学习目标

了解明渠水流的分类和特征；了解棱柱体渠道的概念；掌握明渠底坡的概念，梯形断面明渠的几何特征和水力要素。

6.1.1　概述

人工渠道、天然河道、未充满水流的管道等均属于明渠（见图 6-1）。明渠水流在明渠中流动，具有显露在大气中的自由表面，水面上各点的压强都等于大气压强。故明渠水流又称为无压流，而满管水流又称为有压流。明渠流动具有如下的特点：

图 6-1　明渠流动

① 具有自由液面，为无压流，水面上各点相对压强为零。

② 湿周是过水断面固体壁面与液体接触部分的周长，不等于过水断面的周长。

③ 明渠水流的运动是在重力作用下形成的，重力是流体流动的动力。

④ 渠道底坡的改变、断面尺寸的改变、粗糙系数的变化等，都会引起自由水面的位置随之升降，即水面随时空变化，这就导致了运动要素发生变化，使得明渠水流呈现出比较多的变化。正因为明渠水流的上边界不固定，故解决明渠水流的流动问题远比解决有压流复杂得多。

明渠水流按其运动要素是否随时间变化分为恒定流和非恒定流，按运动要素是否随坐标位置发生变化可以分为均匀流和非均匀流，非均匀流分为急变流和渐变流。明渠恒定均匀流是一种典型的水流，其有关的理论知识是分析和研究明渠水流各种现象的基础，也是渠道断面设计的重要依据。

对明渠水流而言，其流态有层流和紊流之分，绝大多数水流（渗流除外）为紊流，并且接近或者属于紊流阻力平方区。因此，本章及以后各章的讨论将只限于此种情况。

6.1.2　横断面形式

（1）按横断面的形状分类

渠道的横断面形状有很多种。人工修建的明渠，为便于施工和管理，一般为规则断面，有常用的梯形断面、用于小型灌溉渠道当中的矩形断面、常用于城市的排水系统中的圆形断面等，具体的断面形式还与当地地形及筑渠材料有关。天然河道一般无规则，不对称，分为主槽与滩地。

常用的梯形渠道的过水断面（见图 6-2）的几何要素主要包括：过水断面面积 A、湿周 χ、水力半径 R、水面宽度 B。对梯形断面而言，其过水断面几何要素计算公式如下：

图 6-2　梯形渠道横断面

$$\left.\begin{array}{l} \text{过水断面面积：} A=(b+mh)h \\ \text{湿周：} \chi = b + 2h\sqrt{1+m^2} \\ \text{水力半径：} R = \dfrac{A}{\chi} \\ \text{水面宽度} B=b+2mh \end{array}\right\} \tag{6-1}$$

式中，b 为底宽；m 为边坡系数，反映断面两侧边坡的倾斜程度，$m = \cot\alpha$，边坡系数的大小取决于渠道壁面土壤或护面的性质，经土坡稳定分析而定，可参考表 6-1 取值；h 为水深，指过水断面上渠底最低点到水面的距离。当渠底纵向倾斜的程度较小时，常以铅垂面作为过水断面，以铅垂深度作为过水断面水深。

表 6-1　梯形渠道的边坡系数 m

土壤种类	m
细粒砂土	3.0～3.5
砂壤土或松散土壤	2.0～2.5
密实砂壤土，轻黏壤土	1.2～2.0
密实重黏土	1.0
砾石、砂砾石土	1.5
重壤土、密实黄土	1.0～1.5
各种不同硬度的岩石	0.5～1.0

常见的矩形和圆形过水断面几何要素计算公式见表 6-2。

表 6-2　其他常见的过水断面几何要素计算公式

断面形状	水面宽度 B	过水断面面积 A	湿周 χ	水力半径 R
	b	bh	$b+2h$	$\dfrac{bh}{b+2h}$

续表

断面形状	水面宽度 B	过水断面面积 A	湿周 χ	水力半径 R
	$2\sqrt{h(d-h)}$	$\dfrac{d^2}{8}(\theta-\sin\theta)$	$\dfrac{1}{2}\theta d$	$\dfrac{d}{4}\left(1-\dfrac{\sin\theta}{\theta}\right)$

注：θ 以弧度（rad）计。

（2）按横断面形状尺寸沿流程是否变化分类

按横断面形状尺寸沿流程是否变化分为棱柱形渠道和非棱柱形渠道（见图6-3）。棱柱形渠道是指断面形状和尺寸沿流程不变的长直明渠。在棱柱形渠道中，过水断面面积只随水深变化，即 $A=A(h)$。轴线顺直断面规则的人工渠道、涵洞、渡槽等均属此类。非棱柱形渠道是指断面形状和尺寸沿流程不断变化的明渠。在非棱柱形渠道中，过水断面面积除随水深变化外，还随流程变化，即 $A=A(h,s)$。常见的非棱柱形渠道是渐变段，另外，断面不规则，主流弯曲多变的天然河道也是非棱柱形渠道的例子。

图6-3　棱柱形渠道与非棱柱形渠道

6.1.3　底坡

沿渠道中心线所作的铅垂平面与渠底的交线称为底坡线，即明渠的纵断面。该铅垂面与水面的交线称为水面线。

对水工渠道，渠底多为平面，故渠道纵断面图上的底坡线是一段或几段相互衔接的直线。对天然河道，河底起伏不平，但总趋势是沿水流方向逐渐下降，因此，纵断面图上的河底线就是一条时有起伏但逐渐下降的波浪线。

为了表示底坡线沿水流方向降低的缓急程度，引入了底坡的概念，明渠底坡见图6-4。渠道底线的坡度称为底坡，以符号 i 表示。底坡也称纵坡，可用下式计算。

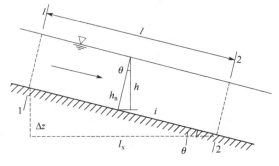

图6-4　明渠底坡

$$i = \frac{\Delta z}{l} = \sin\theta \tag{6-2}$$

式中，Δz 为渠道进口和出口的槽底高差；l 为渠道进口和出口间的流程长度；θ 为底坡线与水平线之间的夹角。通常由于 θ 角很小，故常以两断面间的水平距离来代替流程长度，即 $\sin\theta = \tan\theta$。

根据底坡的正负，可将明渠分为如下三类（见图 6-5）：

$i > 0$，明渠渠底沿程降低者称为正坡或顺坡；

$i = 0$，明渠渠底高程沿程不变者称为平坡；

$i < 0$，明渠渠底沿程增高者称为反坡或逆坡。

人工渠道三种底坡类型均可能出现，但在天然河道中，长期的水流运动往往形成正坡。

图 6-5　底坡类型

 拓展阅读　典型明渠工程——南水北调工程。

　　南水北调工程是中华人民共和国的战略性工程，分东、中、西三条线路。中线工程起点位于汉江中上游丹江口水库，受水区域为河南、河北、北京、天津四个省（市）。输水工程以明渠为主，局部渠段采用泵站加压管道输水的组合。明渠渠首位于丹江口水库已建成的陶岔引水闸，北京段位于总干渠末端，流量最小，全段采用管道输水，终点为北京市的团城湖；天津干渠线路采用"新开淀北线"方案，起点为西黑山，终点延伸至外环河，采用明渠与管道结合的输水方式，输水总干渠包括天津干渠，线路总长 1420km。南水北调工程是优化水资源配置、促进区域协调发展的基础性工程，是新中国成立以来投资额最大、涉及面最广的战略性工程，事关中华民族长远发展。

 讨论　列举几个我国成功明渠工程实例，并说明建设的意义。

　　黄河海勃湾水利枢纽工程，李家峡水电站工程，拉西瓦灌溉工程等。

6.2　明渠均匀流

 讨论　明渠均匀流的形成条件和水力特征是什么？

　　形成明渠均匀流的条件：长而直的棱柱形渠道。底坡 $i > 0$，且保持不变。渠道的粗糙情况沿程没有变化。渠中水流为恒定流，且沿程流量不变。只有满足以上全部条件，才会形成明渠均匀流。

明渠均匀流流线为平行直线，过水断面的形状、尺寸、水深、流量、断面平均流速、断面上的流速分布沿程均不变，所以水面线与渠底平行，总水头线与水面线平行（水面线即测压管水头线），水力坡度、测压管坡度与底坡均相等。

 学习目标

了解明渠均匀流的特点和形成条件，熟练掌握明渠均匀流公式，并能应用它来进行明渠均匀流水力计算；理解水力最优断面和允许流速的概念，掌握水力最优断面的条件和允许流速的确定方法，学会正确选择明渠的粗糙系数 n 值；掌握明渠均匀流水力设计的类型和计算方法，能进行过流能力和正常水深的计算，能设计渠道的断面尺寸。

6.2.1　明渠均匀流形成条件及特征

（1）明渠均匀流的特征

明渠均匀流就是明渠中水深、断面平均流速、断面流速分布等均保持沿流程不变的流动，其基本特征可归纳如下：

① 过水断面的形状和尺寸、流速、流量、水深沿程都不变。

② 流线是相互平行的直线，流动过程中只有沿程水头损失，没有局部水头损失。

③ 由于水深沿程不变，故水面线与渠底线相互平行。

④ 由于断面平均流速及流速水头沿程不变，故测压管水头线与总水头线相互平行。

⑤ 由于明渠均匀流的水面线即测压管水头线，故明渠均匀流的底坡线、水面线、总水头线三者相互平行，这样一来，渠底坡度、水面坡度、水力坡度三者相等。这是明渠均匀流的一个重要的特性，它表明在明渠均匀流中，水流的动能沿程不变，势能沿程减小，在一定距离上因渠底高程降落而引起的势能减小值恰好用于克服水头损失，从而保证了动能的沿程不变。

⑥ 从力学角度分析，均匀流为等速直线运动，没有加速度，则作用在水体的力必然是平衡的，即 $G\sin\theta = F_f$。该式表明均匀流动是重力沿流动方向的分力和阻力相平衡时产生的流动，这是均匀流的力学本质。

（2）产生条件

明渠均匀流只能在一定的条件下才能出现，产生条件有：

① 明渠底坡沿程降低，并且在一段较长距离内保持不变；

② 没有渠系建筑物干扰的长直棱柱体正坡明渠；

③ 粗糙系数沿程不变；

④ 水流为恒定流，流量沿程不变。

在实际工程中，由于种种条件的限制，明渠均匀流往往难以完全实现，在明渠中大量存在的是非均匀流动。然而，对于顺直的正坡明渠，只要有足够的长度，总有形成均匀流的趋势。

这一点在非均匀流水面曲线分析时往往被采用。一般来说，人工渠道都尽量使渠线顺直，底坡在较长距离内不变，并且采用同一材料衬砌成规则一致的断面，这样就基本保证了均匀流的产生条件。因此，按明渠均匀流理论来设计渠道是符合实际情况的。天然河道一般为非均匀流，个别较为顺直整齐的粗糙系数基本一致的断面，河床稳定的河段，也可视为均匀流段，这样的河段保持着水位和流量的稳定关系，水文测验中称该河段为河槽控制段。

6.2.2　明渠均匀流的水力计算基本公式

明渠水流基本上都处于阻力平方区，所以可利用谢才公式，将其与连续方程联立，得到明渠均匀流水力计算的基本公式。

$$v = C\sqrt{RJ} \tag{6-3}$$

$$Q = Av \tag{6-4}$$

$$Q = AC\sqrt{Ri} = K\sqrt{i} = \frac{1}{n}A_0R_0^{2/3}i^{1/2} \tag{6-5}$$

式中，K 为流量模数，$K = AC\sqrt{R}$；J 为水力坡降；i 为渠道底坡；C 为谢才系数，$C = \frac{1}{n}R^{\frac{1}{6}}$；$n$ 为粗糙系数，见表 4-3。

因明渠均匀流水力坡度和渠道底坡相等，故式中以底坡 i 代替水力坡度 J。C 为谢才系数，可按曼宁公式或巴甫洛夫斯基公式计算。式（6-4）即明渠均匀流的基本公式。

6.2.3　明渠水力最优断面和允许流速

（1）水力最优断面

在已知流量、底坡、粗糙系数等时，可以设计出许多种渠道断面。那么选择哪种断面，就要从渠道的设计、施工和运用等方面对设计的断面形式和尺寸进行方案比较。从水力学角度分析，由明渠均匀流水力计算基本公式可知：明渠的过水能力（即流量）与渠道底坡 i、粗糙系数 n 及断面形状和尺寸有关。在进行渠道设计时，渠道底坡 i 一般根据地形条件或技术上的考虑选定（如输送的是清水，还是浑水；渠道是干渠，还是支渠）。粗糙系数 n 则主要取决于渠壁材料、土质及目前的运用情况。因此，当明渠的底坡 i 和粗糙系数 n 值一定时，明渠的过水能力就主要取决于断面形状和尺寸。从经济观点考虑，在流量 Q、底坡 i、粗糙系数 n 等已知时，总是希望设计的过水断面形式具有最小面积，以减小工程量；或者说，在底坡 i、粗糙系数 n、过水断面面积 A 一定的条件下，设计的断面能使渠道通过的流量达到最大。凡是符合这一条件的过水断面就称为水力最优断面。

由式（6-5）及 $R = \frac{A}{\chi}$ 可得

$$Q = \frac{1}{n}A_0R_0^{2/3}i^{1/2} = \frac{i^{1/2}}{n} \times \frac{A^{5/3}}{\chi^{2/3}} \tag{6-6}$$

由式（6-6）可知，在底坡 i、粗糙系数 n、过水断面面积 A 一定的条件下，要使输水能力 Q 最大，则要求湿周 χ 最小，即 R 最大。因此，所谓水力最优断面，就是湿周最小、流量最大的断面。

　　水力最优断面的优点为输水能力最大，渠道护壁材料最省，渠道渗水损失量最少。如果不受条件限制，渠道断面可以设计成梯形、矩形、半圆形、三角形等。在过水断面面积相同时，其中半圆形断面具有最小湿周，是水力最优断面。但是，实际工程中，需要有一定的边坡才能保证不塌方，因此工程上多采用梯形断面。

　　下面以梯形断面为例，推导工程水力最优条件下的宽深比。

　　由式（6-1），将式 $A=(b+mh)h$ 变形得

$b=\dfrac{A}{h}-mh$，并代入 $\chi=b+2h\sqrt{1+m^2}$ 后得：

$$\chi=\frac{A}{h}-mh+2h\sqrt{1+m^2} \tag{6-7}$$

　　从式（6-7）可以看出，当断面面积 A、边坡系数 m 一定时，湿周 χ 是水深 h 的函数，即 $\chi=f(h)$，为了求函数 $\chi=f(h)$ 的极小值，可对 h 求一阶导数，并令一阶导数为零，即

$$\frac{\mathrm{d}\chi}{\mathrm{d}h}=-\frac{A}{h^2}-m+2\sqrt{1+m^2}=0 \tag{6-8}$$

　　对函数 $\chi=f(h)$ 中 h 求二阶导数，即 $\dfrac{\mathrm{d}^2\chi}{\mathrm{d}h^2}=2\dfrac{A}{h^3}$，可知 $\dfrac{\mathrm{d}^2\chi}{\mathrm{d}h^2}=2\dfrac{A}{h^3}>0$，说明 χ 的极小值存在。

　　将 $A=(b+mh)h$ 代入式（6-8）可得梯形断面水力最优宽深比，用 β 表示，即

$$\beta=\frac{b}{h}=2(\sqrt{1+m^2}-m) \tag{6-9}$$

　　可以看出水力最优宽深比 β 仅是边坡系数 m 的函数，当 $m=0$ 时，为矩形断面，此时水力最优宽深比为 $\beta=\dfrac{b}{h}=2$，即 $b=2h$。说明矩形断面，水力最优断面的底宽 b 是水深 h 的两倍。

　　由式（6-1）得，水力半径

$$R=\frac{A}{\chi}=\frac{(b+mh)h}{b+2h\sqrt{1+m^2}} \tag{6-10}$$

　　将式（6-9）代入式（6-10）得

$$R=\frac{A}{\chi}=\frac{(b+mh)h}{b+2h\sqrt{1+m^2}}=\frac{h}{2} \tag{6-11}$$

　　即得梯形水力最优断面的水力半径等于水深的一半，即 $R=\dfrac{h}{2}$。对矩形断面，同样有 $R=\dfrac{h}{2}$ 的关系。

　　以上所得出的水力最优断面的条件，只是从水力学角度考虑的。从工程投资角度考虑，水力最优断面不一定是工程最经济的断面。对于大型渠道，如果按照水力最优断面设计，则断面往往是又窄又深，施工时土方开挖过深，使土方的单价增高，同时施工养护的难度也增加了。例如，边坡系数 $m=1.5$，底宽 $b=20\mathrm{m}$ 的渠道，如果按照水力最优设计，则水力最优宽深比 $\dfrac{b}{h}=0.61$，得水深 $h=32.8\mathrm{m}$。在设计渠道断面时，必须结合实际情况，从经济和技术两方面综合考虑。既考虑水力最优断面，又不能完全受此约束。为此，工程实际中以水力最优断面为基础，提出了"实用经济断面"的概念。

（2）允许流速

对渠道断面进行设计，除了要考虑水力最优断面这一因素外，还应对渠道的最大和最小流速进行考核，以免渠道遭受冲刷和淤积。由连续方程 $Q = AV$ 可知，对于一定的流量，过水断面面积的大小与断面平均流速有关。为通过一定的流量，可采用不同大小的过水断面，此时，渠道中就有不同的流速。如果流速过大，可能引起渠槽冲刷，而流速过小，又可能引起渠槽淤积，降低渠道的过流能力。因此，在设计渠道时，必须考虑渠道的允许流速。

$$V_{max} > V > V_{min}$$

式中，V_{max} 为最大允许不冲流速；V_{min} 为最小允许不淤流速。

渠道的最大允许不冲流速 V_{max} 的大小取决于壁面的材料、土壤种类、颗粒大小和密实程度以及渠中流量等因素。渠道中的最小允许不淤流速 V_{min} 的大小与水中的悬浮物有关。渠道的允许流速是根据渠道所担负的生产任务（如通航、水电站引水或灌溉），渠槽表面材料的性质，水流含砂量的多少及运行管理上的要求而确定的技术上可靠、经济上合理的流速。

为了保证技术上可靠、经济上合理，在确定渠道的允许流速时，应该结合工程的具体条件，还应考虑以下几方面的因素。

① 流速不宜太小，以免渠中生出杂草。为此，一般应大于 0.5m/s。

② 对于北方寒冷地区，为防止冬季渠水结冰，流速也不宜太小。一般当渠道流速大于 0.6m/s 时，结冰就比较困难，即使结冰，过程也比较缓慢。

③ 渠道流速应保证技术经济要求和运行管理要求。

各类壁面材料渠道允许不冲流速见表 6-3。防渗衬砌允许不冲流速见表 6-4。

表 6-3　渠道允许不冲流速

土质	允许不冲流速/（m/s）
轻壤土	0.60～0.80
中壤土	0.65～0.85
重壤土	0.70～0.95
黏土	0.75～1

注：表中所列允许不冲流速为水平半径 $R=1.0$m 时的情况，当 R 不等于 1.0m 时，表中所列数值应乘以 R^a，指数 a 值可按情况采用（疏松的土壤、黏土，$a=1.3\sim1.4$；中等密实和密实的土壤、黏土，$a=1.4\sim1.5$）。

表 6-4　防渗衬砌允许不冲流速

防渗衬砌结构类别			允许不冲流速/（m/s）
土料	黏土、黏砂混合土		0.75～1.00
	灰土、三合土、四合土		<1.00
水泥土	现场浇筑		<2.50
	预制铺砌		<2.00
砌石	干砌卵石（挂淤）		2.50～4.00
	浆砌块石	单层	2.50～4.00
		双层	3.50～5.00
	浆砌料石		4.0～6.0
	浆砌石板		<2.50

防渗衬砌结构类别		允许不冲流速/（m/s）
质料 （土料保护层）	砂土壤、轻壤土	<0.45
	中壤土	<0.60
	重壤土	<0.65
	黏土	<0.70
	砂砾料	<0.90
沥青混凝土	现场浇筑	<3.00
	预制铺砌	<2.00
混凝土	现场浇筑	<8.00
	预制铺砌	<5.00
	喷射法施工	<10.00

注：表中土料类和壤料类（土料保护层）防渗衬砌结构允许不冲流速值为水平半径 R=1.0m 时的情况，当 R 不等于 1.0m 时，表中所列数值应乘以 R^a，指数 a 值可按情况采用（疏松的土料、黏土壤保护层，a=1.3～1.4；中等密实和密实的土料或土料保护层，a=1.4～1.5）。

6.2.4　明渠均匀流水力计算

为了与明渠非均匀流区别，通常称均匀流时的水深为正常水深，用 h_0 表示。从式（6-5）可以看出，流量 Q 与底坡 i、粗糙系数 n、过水断面面积 A 和水力半径 R 有关。对于梯形渠道，过水断面几何参数（A 和 R）也就是正常水深 h_0、底宽 b 和边坡系数 m。所以流量 Q 可用下列函数表达

$$Q = f(m,b,h_0,i,n) \tag{6-12}$$

式（6-12）中共有六个变量，如果已知其中五个量，另一个未知变量可由式（6-5）求出。以梯形断面渠道为例，分述明渠均匀流的水力计算，可以分为三类。

（1）验算明渠的输水能力

已知：正常水深 h_0、底宽 b、边坡系数 m、底坡 i、粗糙系数 n。

求：流量 Q。

由均匀流计算基本公式（6-4）可得流量 Q

$$Q = AC\sqrt{Ri} = \frac{1}{n} A_0 R_0^{2/3} i^{1/2}$$

对于梯形断面，由式（6-1）可知，过水断面面积 $A_0 = (b+mh_0)h_0$，水力半径 $R_0 = \dfrac{A_0}{b+2h_0\sqrt{1+m^2}}$，代入式（6-4）可得到流量 Q。

【例 6-1】某梯形排水渠道，已知渠道长度 L=1.0km，底宽 b=3m，边坡系数 m=2.5，粗糙系数 n=0.025，底部落差为 0.5m，流量 Q=9m³/s，试算当实际水深 h=1.5m 时，渠道能否满足 Q 的要求。

解：$i = \dfrac{z_1 - z_2}{L} = \dfrac{0.5}{1000} = 0.0005$

$$A=(b+mh)h=10.125\text{m}^2$$
$$\chi=b+2h\sqrt{1+m^2}=11.08\text{m}$$

$$R=\frac{A}{\chi}=0.92\text{m}$$

$$C=\frac{1}{n}R^{\frac{1}{6}}=39.45\text{m}^{1/2}/\text{s}$$

代入公式：$Q=AC\sqrt{Ri}$

可得流量：Q=8.56< 9(m^3/s)，不能满足要求。

只有当 $Q\geqslant9\text{m}^3$/s 时才满足要求。

（2）设计渠道断面

设计渠道断面是在已知流量 Q、边坡系数 m、底坡 i、粗糙系数 n 的条件下，求底宽 b 和正常水深 h_0。这里有底宽 b 和正常水深 h_0 两个未知量，为了得到确定解，还需要补充条件，分四种情况。

① 已知水深 h_0，求底宽 b。水深由通航或施工条件限定，底宽可以根据已知条件计算确定。

a. 试算法。给出不同的 b 值，并计算出相对应的流量模数 $K=AC\sqrt{R}$。根据 b，K 的值，以 K 为横坐标，b 为纵坐标绘制出 $K=f(b)$ 曲线，见图 6-6。根据给定的流量 Q、底坡 i 及式 (6-5)，求出 $K=\dfrac{Q}{i^{1/2}}$。根据所求得的 K 作竖线，与曲线相交后作横线，与 b 轴相交得的 b 值即为所求。

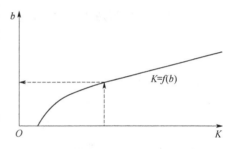

图 6-6　明渠底宽 b 与 K 的关系曲线

b. 查图法。由于试算法工作量大，比较烦琐，为了简化计算，工程中已制成了许多图，以备查用。我国工程技术人员创造了不少图解法[1]。图解法的优点是不用内插；但因图幅小，图中曲线的某些部分精度差，甚至查不出。因此，为保证查图结果的可靠，一般可将查图结果再回代检验。如图 6-7 所示，图中横坐标为 $\dfrac{b^{2.67}}{nK_0}$，纵坐标为 $\dfrac{h_0}{b}$，图中每条曲线对应一个边坡系数 m 值。计算横坐标、纵坐标值时，长度以 m 计。

除了查图法外，还有数表法，即将函数关系以表的形式给出。数表法的优点是查算方便，但仍需内插，精度也不是很高。

c. 电算解法。电算解法具有速度快，精度高，应用方便的优点，在实际工作中正在逐步普及。电算解法根据其计算方法分为二分法、牛顿法、迭代法等。

② 已知水深 b，求底宽 h_0。参照①中试算法，给出不同的 h 值，并计算出相对应的流量模数 $K=AC\sqrt{R}$。根据 h、K 的值，以 K 为横坐标，h 为纵坐标绘制出 $K=f(h)$ 曲线，见图 6-8。

---

❶ 推荐阅读。

龙洪林. 基于 MATLAB 的 U 形明渠特征水深的图解法[J]，陕西水利，2012（04）：137-140.

吉·吉·沙普，张克健. 图解法求算均匀流水深[J]，浙江水利科技，1984（03）.

根据给定的流量 Q，底坡 i 及式 (6-5)，求出 $K = \dfrac{Q}{i^{1/2}}$。根据所求得的 K 作竖线，与曲线相交后作横线，与 h 轴相交得的 h 值即为所求。

图 6-7 查图法

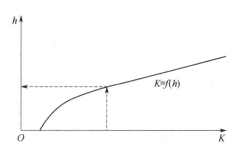

图 6-8 明渠底宽 h 与 K 的关系曲线

同样，可以采用查图法、电算解法等。

③ 按照水力最优断面条件设计断面尺寸底宽 b 和水深 h。渠道边坡土质条件确定，则边坡系数 m 已知。根据水力最优条件，由水力最优宽深比 $\beta = \dfrac{b}{h} = 2(\sqrt{1+m^2} - m)$，建立底宽 b 和水深 h 的关系式，连同式 (6-1) 和式 (6-5) 可以求出底宽 b 和水深 h。

【例6-2】一条梯形断面渠道，流量 $Q = 5.36\,\mathrm{m^3/s}$，底坡 $i = 1/3000$，边坡系数 $m = 1$，表面用浆砌块石衬砌，水泥砂浆勾缝。已拟定宽深比 $b/h = 5$。求渠道的断面尺寸。

解：查表得渠道的粗糙系数：$n = 0.025$。

已知宽深比，则：$b = 5h$。

故：$A = (b+mh)h = 6h^2$

$$\chi = b + 2h\sqrt{1+m^2} = (5+2\sqrt{2})h$$

$$Q = \frac{\sqrt{i}}{n} \times \frac{A^{5/3}}{\chi^{2/3}} = 0.73\frac{(6h)^{5/3}}{[(5+2\sqrt{2})h]^{2/3}}$$

代入已知数据 $Q = 5.36\,\mathrm{m^3/s}$，采用试算法得：

$$h = 1.46\,\mathrm{m}$$
$$b = 5h = 7.30\,\mathrm{m}$$

④ 限定最大允许不冲流速 $V_{\max}$，确定底宽 b 和水深 h。以渠道不发生冲刷的最大允许流速 $[V]$ 为控制条件，则根据式 (6-1) 式 (6-5) 可以求出底宽 b 和水深 h。

（3）确定渠道底坡

已知渠道的断面尺寸（底宽 b 和水深 h）、渠道流量 Q、边坡系数 m、粗糙系数 n，求底坡 i。这类计算主要用于避免下水道沉积淤塞，要求有一定的"自清"速度，因而必须要求有一定的坡度；保证通航的渠道用坡度控制一定的流速。

【例6-3】一条矩形断面混凝土渠道（表面磨光，底部有卵石），长度 $l = 200\,\mathrm{m}$，按均匀流设计，底宽 $b = 2\,\mathrm{m}$，当水深 $h = 1\,\mathrm{m}$ 时，通过的流量 $Q = 5.25\,\mathrm{m^3/s}$，求渠道上、下端的水面落差。

　　解: 由宽度 b 和水深 h 可算出过流面积 A 和湿周 χ 分别为:

$$A = bh = 2\mathrm{m}^2$$

$$\chi = b + 2h = 4\mathrm{m}$$

　　查表得粗糙系数 $n = 0.017$。将 Q、n、A、χ 的值代入流量公式:

$$Q = \frac{\sqrt{i}}{n} \times \frac{A^{5/3}}{\chi^{2/3}}$$

　　可得底坡 i 和渠道上、下端水面落差 Δz,即

$$i = 5 \times 10^{-3}$$

$$\Delta z = il = 1\mathrm{m}$$

6.2.5　复式断面渠道的水力计算

　　根据工程实际情况,由于土质、土壤条件或施工、养护要求,有时渠底和渠壁会采用不同的材料,即会遇到沿湿周各部分粗糙度不同的渠道,这种渠道称为非均质渠道。例如,沿山坡凿石筑墙而成的渠道,即靠山一侧为土质或石质边坡,另一侧边坡为挡土墙 (图 6-9);底部为浆砌石,边坡为混凝土衬砌的渠道;冬季被冰封闭的河渠。将渠道分成几个单式断面组成的复式断面。(图 6-10) 可简化为复式断面。

图 6-9　复式断面(挡土墙)

图 6-10　不规则的天然河床断面

(1) 断面周界上粗糙系数不同的明渠均匀流水力计算

　　沿湿周各部分粗糙系数不同 (见图 6-9、图 6-10),它们对水流的阻力也不同,可以采用一个综合的粗糙系数来反映整个断面的情况。也就是说,对这样的渠道进行水力计算,首先应该解决的是怎样由各部分粗糙系数计算综合粗糙系数的问题。

　　根据巴甫洛夫斯基提出的方法得到的综合粗糙系数计算公式如下

$$n = \sqrt{\frac{\chi_1 n_1^2 + \chi_2 n_2^2 + \chi_3 n_3^2}{\chi_1 + \chi_2 + \chi_3}} \tag{6-13}$$

　　当渠道底部粗糙系数小于侧壁粗糙系数时,可用式 (6-13) 计算。

　　根据爱因斯坦提出的方法得到的综合粗糙系数计算公式如下

$$n = \left(\frac{\chi_1 n_1^{3/2} + \chi_2 n_2^{3/2} + \chi_3 n_3^{3/2}}{\chi_1 + \chi_2 + \chi_3} \right)^{2/3} \tag{6-14}$$

　　一般情况下的综合粗糙系数也可采用对各部分湿周的粗糙系数取加权平均值的方法进行计算,即

$$n = \frac{\chi_1 n_1 + \chi_2 n_2 + \chi_3 n_3}{\chi_1 + \chi_2 + \chi_3} \quad (6\text{-}15)$$

（2）复式断面渠道的水力计算

复式断面常常是不规则的，粗糙系数也可能沿湿周有变。此外，由于断面上水深不一，各部分流速差别较大，如果把整个断面当作统一的总流来计算，直接用均匀流公式，将会得出不符合实际情况的结果。因此，复式断面明渠的水力计算绝不能按一个断面统一计算。常将复式断面分割成若干单式断面做计算，然后叠加总和得到全断面流量。例如，对于图 6-11 所示的复式断面，其流量计算过程如下。

$$Q_1 = K_1 \sqrt{i}$$
$$Q_2 = K_2 \sqrt{i}$$
$$Q_3 = K_3 \sqrt{i}$$
$$Q = Q_1 + Q_2 + Q_3 = (K_1 + K_2 + K_3)\sqrt{i} \quad (6\text{-}16)$$

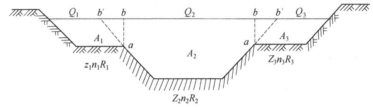

图 6-11　复式断面

【例 6-4】有一环山渠道的断面如图 6-12 所示，水流近似为均匀流，靠山一边按 1:0.5 的边坡开挖（岩石较好，n_1 为 0.0275），另一边为直立的浆砌块石边墙，n_2 为 0.025，底宽 b 为 2m，底坡 i 为 0.002，求水深为 1.5m 时的过流能力。

图 6-12　例 6-4 图

解：湿周 χ_1：$\chi_1 = b + h\sqrt{1+m^2} = 2 + 1.5 \times \sqrt{1+0.5^2} = 3.68 (\text{m})$

粗糙系数 n_1：$n_1 = 0.0275$

湿周 χ_2：$\chi_2 = 1.5 \text{m}$

粗糙系数 n_2：$n_2 = 0.025$

计算综合粗糙系数 n_r：$n_r = \frac{n_1 \chi_1 + n_2 \chi_2}{\chi_1 + \chi_2} = \frac{0.0275 \times 3.68 + 0.025 \times 1.5}{3.68 + 1.5} = 0.0267$

过水断面面积：$A = \frac{1}{2}(b + b + mh)h = \frac{1}{2} \times (2 + 2 + 0.5 \times 1.5) \times 1.5 = 3.56 (\text{m}^2)$

湿周：$\chi = 1.5 + 3.68 = 5.18 (\text{m})$

水力半径：$R = \frac{A}{\chi} = \frac{3.56}{5.18} = 0.69 (\text{m})$

谢才系数：$C = \frac{1}{n} R^{\frac{1}{6}} = \frac{1}{0.0267} \times 0.69^{\frac{1}{6}} = 35.21 (\text{m}^{0.5}/\text{s})$

流量：$Q = CA\sqrt{Ri} = 35.21 \times 3.56 \times \sqrt{0.687 \times 0.002} = 4.65 (\text{m}^3/\text{s})$

【例6-5】 某天然河道的河床断面形状及尺寸如图6-13所示，边滩部分水深为1.2m，若水流近似为均匀流，河底坡度 i 为0.0004，试确定所通过的流量 Q。

解：作垂线1—1将河床复式断面分为Ⅰ、Ⅱ两部分，近似按矩形截面计算。

图6-13　例6-5图

第Ⅰ部分断面：

粗糙系数：$n_1 = 0.04$

湿周：$\chi_1 = 60 + 1.2 = 61.2(\text{m})$

过水断面面积：$A_1 = 60 \times 1.2 = 72(\text{m}^2)$

水力半径：$R_1 = \dfrac{A_1}{\chi_1} = \dfrac{72}{61.2} = 1.18(\text{m})$

谢才系数：$C_1 = \dfrac{1}{n_1}R_1^{\frac{1}{6}} = \dfrac{1}{0.04} \times 1.18^{\frac{1}{6}} = 25.70(\text{m}^{0.5}/\text{s})$

流量：$Q_1 = C_1 A_1 \sqrt{R_1 i} = 25.75 \times 72 \times \sqrt{1.18 \times 0.0004} = 40.20(\text{m}^3/\text{s})$

同理可以得到第Ⅱ部分断面的参数如下：

$$n_2 = 0.03$$
$$\chi_2 = 15 + 6 + (6 - 1.2) = 25.8(\text{m})$$
$$A_2 = 15 \times 6 = 90(\text{m}^2)$$
$$R_2 = \frac{A_2}{\chi_2} = \frac{90}{25.8} = 3.49(\text{m})$$
$$C_2 = \frac{1}{n_2}R_2^{\frac{1}{6}} = \frac{1}{0.03} \times 3.49^{\frac{1}{6}} = 41.05(\text{m}^{0.5}/\text{s})$$
$$Q_2 = C_2 A_2 \sqrt{R_2 i} = 41.05 \times 90 \times \sqrt{3.49 \times 0.0004} = 138(\text{m}^3/\text{s})$$

总流量：$Q = Q_1 + Q_2 = 40.2 + 138 = 178.2(\text{m}^3/\text{s})$

6.2.6　无压圆管均匀流的水力计算

不满流的圆形管道，称为无压管流。比如城市的污水排水管道、雨水管道、排水涵洞等，都属于无压管流。无压管流具有水力最优断面及施工方便等优点。对于长直的圆管，$i > 0$，粗糙系数保持沿程不变时，管中水流可以认为是明渠均匀流。无压圆管过水断面见图6-14，图中 θ 称为充满角，$\alpha = h/d$ 称为充满度。由表6-2可得其过水断面面积 A、湿周 χ 和水力半径 R 计算公式如下：

$$\left.\begin{aligned} A &= \frac{d^2}{8}(\theta - \sin\theta) \\ \chi &= \frac{1}{2}\theta d \\ R &= \frac{d}{4}\left(1 - \frac{\sin\theta}{\theta}\right) \end{aligned}\right\} \tag{6-17}$$

由式（6-17）得无压圆管均匀流水力计算的基本公式

$$Q = AC\sqrt{Ri} = K\sqrt{i} = \frac{1}{n}A_0 R_0^{2/3}i^{1/2} = \frac{d^2}{8}(\theta - \sin\theta)\frac{1}{n}\left[\frac{d}{4}\left(1 - \frac{\sin\theta}{\theta}\right)\right]^{\frac{2}{3}}i^{\frac{1}{2}} \qquad (6\text{-}18)$$

为了避免烦琐的数学计算，在实际工程中，可以利用图 6-15 来计算。图中纵坐标为充满度（$\alpha = h/d$），横坐标为无量纲流量 Q/Q_0 和无量纲流速 v/v_0。Q_0 和 v_0 为圆管满流时的流量和流速。Q 与 v 则表示充满度 h/d 时的流量和流速。

图 6-14　无压圆管过水断面

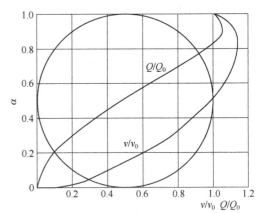

图 6-15　无压圆管水力计算图

从图 6-15 中可以看出：

① 最大流量发生在 h/d=0.95 时，这时 Q/Q_0=1.087，因为这时的 $AR^{2/3}$ 最大。

② 最大流速发生在 h/d=0.81 时，这时 v/v_0=1.16。因为这时的水力半径 R 最大，水深再加大时，过水断面面积虽有增加，但湿周增加得更快，R 反而减小。

【例 6-6】无压长涵管，直径 d=1.5m，底坡 i=0.002，粗糙系数 n=0.014，流量 Q=2.5m³/s，渠中水流为均匀流。求水深 h_0。

解：先求满管流时的 Q_0。

$$Q = \frac{1}{n}AR^{2/3}i^{1/2} = \frac{1}{0.014} \times \frac{3.14 \times 1.5^2}{4} \times \left(\frac{1.5}{4}\right)^{2/3} \times 0.002^{1/2} = 2.934(\text{m}^3/\text{s})$$

$$\frac{Q}{Q_0} = \frac{2.5}{2.934} = 0.852$$

查图 6-15 得：

$$h/d = 0.71$$

所以 $h_0 = 0.71 \times 1.5 = 1.06(\text{m})$

6.3　明渠流动状态

 讨论　明渠水流的三种流态有什么特征？如何进行判别？

明渠水流三种流态：急流、缓流、临界流。可以用微波波速、弗汝德数、断面比能、临界水深、临界底坡等来进行判别。

 学习目标

　　掌握明渠水流三种流态（急流、缓流、临界流）的运动特征和判别明渠水流流态的方法，理解弗汝德数 Fr 的物理意义；理解断面比能、临界水深、临界底坡的概念和特性，掌握矩形断面明渠临界水深 h_k 的计算公式和其他形状断面临界水深的计算方法；了解水跃和水跌现象，掌握共轭水深的计算，特别是矩形断面明渠共轭水深计算；能进行水跃能量损失和水跃长度的计算。

　　明渠底坡或粗糙系数沿程变化，或渠道的横断面形状（或尺寸）沿程变化，或在明渠中修建水工建筑物（闸、桥梁、涵洞等）使明渠中的流速和水深发生变化，均会在明渠中形成非均匀流。

　　非均匀流的特点是明渠的底坡、水面线、总水头线彼此互不平行。也就是说，水深和断面平均流速沿程变化，流线间互不平行，水力坡度线、测压管水头线和底坡线彼此间不平行。若流线接近于互相平行的直线，或者流线之间的夹角很小，或者流线的曲率半径很大，这种水流称为明渠非均匀渐变流。反之，则称为明渠非均匀急变流。

　　本节主要研究在恒定流的情况下，明渠非均匀流中水面曲线沿程变化的规律及其计算方法。

　　一般明渠水流有三种流态，即缓流、临界流和急流。

　　河流中有些水面宽阔的地方，底坡平坦，水流缓慢，当水流遇有障碍时（如大石头），上游水面普遍抬高而阻碍物处水位往下跌落，即为缓流。在河流有些水面狭窄的地方底坡陡峻，且水流湍急，当水流遇到石块便一跃而过，石块顶上掀起浪花，而上游水面未受影响，即为急流。在缓流和急流之间还存在另一种流动，那就是临界流，但临界流的流动形态不稳定。

　　下面从运动学的角度和能量的角度分析明渠水流的流态。

6.3.1　微波波速和弗汝德数

（1）微波波速

　　一般缓流中水深较大，流速较小，当在缓流渠道中有障碍物时将会产生干扰波，这时干扰波既能向上游传播也能向下游传播。急流中水深较浅，流速较大，当在急流渠道中遇障碍物时，同样也产生干扰波，但这种干扰波只能向下游传播。为此，首先分析微波的波速。

　　设一平底坡的矩形棱柱形渠道，水流静止，水深为 h，水面宽为 B，过水断面的面积为 A，水中有一个直立的平板。用直立平板向左拨动一下，板左边水面激起一微小波动，波高 Δh，波以速度 v_w 从右向左传播。观察微波传播，波形所到之处将带动水流运动，流速随时间变化，是非恒定流，见图 6-16。

　　选择固定在波峰上的动坐标系，假想随波前进来观察渠中水流。相对于动坐标系，波静止，渠中原静止水体以波速 v_w 从左向右流动。整个水体等速度向右运动，渠道内水流为恒定流，而水深沿程变化，是非均匀流。

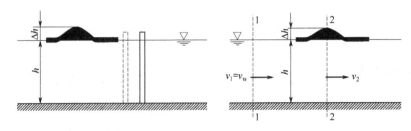

图 6-16　微波的传播

以渠底为基准面，取波峰处为 2—2 断面，未受波影响的为 1—1 断面，列能量方程，其中 $v_1 = v_w$，不计水头损失，则 $h + \dfrac{\alpha_1 v_w^2}{2g} = h + \Delta h + \dfrac{\alpha_1 v_2^2}{2g}$。

由连续性方程得，$v_2 = \dfrac{v_w A}{A + \Delta A}$。

于是得 $h + \dfrac{\alpha_1 v_w^2}{2g} = h + \Delta h + \dfrac{\alpha_1 v_w^2}{2g} \left(\dfrac{A}{A + \Delta A} \right)^2$。

将 $(A + \Delta A)^2$ 展开，忽略 ΔA^2，并且 $\Delta h \approx \Delta A / B$，代入能量方程得

$$v_w = \sqrt{gh \left(1 + \frac{\Delta h}{h} \right) \Big/ \left(1 + \frac{\Delta h}{2h} \right)} \tag{6-19}$$

对于波高 $\Delta h \ll h$ 的波——小波，$v_w = \sqrt{g\bar{h}}$。

式中，$\bar{h}$ 为断面平均水深，$\bar{h} = A/B$；A 为过水断面面积；B 为水面宽度。

实际明渠中，渠中水流总是流动的，假设水流流速为 v，则微波波速的绝对速度 v_w' 是静水中的波度 v_w' 与水流流速 v 之和，即

$$v_w' = v + v_w = v \pm \sqrt{g\bar{h}} \tag{6-20}$$

式中，微波顺水流方向传播取 "+" 号，微波逆水流方向传播取 "–" 号。

当渠道中水流流速较小，平均水深 $\bar{h} = A/B$ 又相当大时，$v > v_w$，由式（6-20）得 v_w' 有正、负值，表明微波既能向下游传播，又能向上游传播 [见图 6-17（b）]，这种水流流态是缓流。

当渠道中水流流速较大，平均水深 $\bar{h}$ 又相当小时，$v > v_w$，由式（6-20）得 v_w' 只有正值，表明微波只能向下游传播，不能向上游传播 [见图 6-17（d）]，这种水流流态是急流。

当渠道中水流流速与平均水深 $\bar{h} = A/B$ 的关系恰好满足 $v = v_w$ 时，由式（6-20）得，微波向上游传播的速度为零 [见图 6-17（c）]，这时水流流态是临界流。这时的明渠流速称为临界流速。

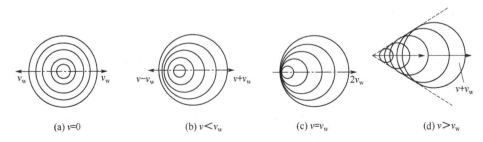

图 6-17　微波的传播

只要比较水流的断面平均流速 v 与微波的相对速度 v_w 的大小，就可以判断干扰波是否会向上游传播，也可以判断水流是属于哪一种流态。

$v < v_w$ 时，水流为缓流，干扰波能向上游传播；

$v = v_w$ 时，水流为临界流，干扰波不能向上游传播；

$v > v_w$ 时，水流为急流，干扰波不能向上游传播。

（2）弗汝德数

水力学中把流速与波速的比值称为弗汝德数，以 Fr 表示，即

$$Fr = \frac{v}{v_w} = \frac{v}{\sqrt{gA/B}} = \frac{v}{\sqrt{g\bar{h}}} \tag{6-21}$$

对临界流来说，$v = v_w$，弗汝德数恰好等于 1，因此可以用弗汝德数来判别明渠水流的流态，即 $Fr < 1$，水流为缓流；$Fr = 1$，水流为临界流；$Fr > 1$，水流为急流。

【例 6-7】 已知某工程截流时合龙口为矩形截面，宽 $B=80$m，水深 $h=2.5$m，通过流量为 $Q=1680$m³/s。试判别合龙口处流态，并计算流速和波速。

解：计算弗汝德数

$$Fr = \sqrt{\frac{Q^2 B}{gA^3}} = \sqrt{\frac{1680^2 \times 80}{9.8 \times (80 \times 2.5)^3}} = 1.70 > 1$$

流速

$$v = \frac{Q}{Rh} = \frac{1680}{80 \times 2.5} = 8.40 (\text{m/s})$$

波速

$$v_w = \sqrt{9.8 \times 2.5} = 4.95 (\text{m/s})$$

可见，$Fr > 1$ 或者 $v > v_w$，为急流。

6.3.2 断面比能和临界水深

从能量的角度来分析明渠水流的流态。

（1）断面比能

设明渠为非均匀渐变流，如图 6-18 所示。

图 6-18　断面比能

以 0—0 为基准面，该断面单位重量液体所具有的机械能为 $E = z + \dfrac{p}{\rho g} + \dfrac{\alpha v^2}{2g}$。

将基准面从 0—0 移动到渠底 0_1—0_1，则单位重量液体所具有的机械能定义为断面比能，用 E_s 表示，则

$$E_s = E - z = h\cos\alpha + \frac{\alpha v^2}{2g} = h\cos\alpha + \frac{\alpha Q^2}{2gA^2} \tag{6-22}$$

由于明渠坡度一般较小，当 $\alpha < 6°$ 时，$\cos\alpha \approx 1$，则式（6-22）改写为

$$E_s = h + \frac{\alpha v^2}{2g} = h + \frac{\alpha Q^2}{2gA^2} \tag{6-23}$$

无论在均匀流还是在非均匀流中，单位重量液体所具有的机械能总是沿程减少的，即 $\frac{dE}{ds} < 0$。在均匀流中，水深及流速均沿程不变，则断面比能沿程不变；而在非均匀流中，水深及流速均沿程变化，且可能沿程增大也可能沿程减小。因此，断面比能和单位重量液体所具有的机械能是两个不同的概念。二者的区别有：

① E 和 E_s 两者相差一个渠底高程，E_s 与渠底高程无关；

② 流量一定时，E_s 是断面形状、尺寸的函数；

③ 当流量和断面形状一定时，E_s 是水深函数；

④ $\frac{dE_s}{ds}(>,<,=)\ 0$，例如，均匀流 $\frac{dE_s}{ds} = 0$；

⑤ 由于有能量损失，E 总是沿程减少，即 $\frac{dE}{ds} < 0$。

明渠非均匀流的水深是沿程变化的，由式（6-23）可知，当流量 Q、断面形状及尺寸一定时，断面比能 E_s 只是水深 h 的函数，即 $E_s = f(h)$，我们称 $E_s = h + \alpha Q^2/(2gA^2)$ 为断面比能函数，由此函数画出的曲线称为断面比能曲线。

以水深为纵坐标，断面比能为横坐标，当 $h \to 0$ 时，$A \to 0$，则 $\alpha Q^2/(2gA^2) \to \infty$，则 $E_s \to 0$，此时，断面比能曲线以横坐标为渐近线；当 $h \to \infty$ 时，$A \to \infty$，则 $\alpha Q^2/(2gA^2) \to 0$，则 $E_s \to 0$，此时，断面比能曲线以 45°斜线为渐近线，见图 6-19。

从图 6-19 可以看出，曲线 $E_s = f(h)$ 有极小值。

图 6-19　断面比能曲线

即当水深 $h = h_k$ 时，断面比能有最小值 E_{smin}。断面比能最小值 E_{smin} 时对应的水深称为临界水深，用 h_k 表示。断面比能最小值把曲线分成上下两支，在曲线的上半支，$h > h_k$，E_s 随水深 h 的增加而增加，即 $\frac{dE_s}{dh} > 0$；在曲线的下半支，$h < h_k$，E_s 随水深 h 的增加而减小，即 $\frac{dE_s}{dh} < 0$。

将式（6-23）对水深 h 求导取极值得

$$\frac{dE_s}{dh} = \frac{d}{dh}\left(h + \frac{\alpha Q^2}{2gA^2}\right) = 1 - \frac{\alpha Q^2}{gA^3}\frac{dA}{dh} \tag{6-24}$$

由于 $\dfrac{\mathrm{d}A}{\mathrm{d}h}=B$(水面宽)，代入式（6-24）得

$$\frac{\mathrm{d}E_\mathrm{s}}{\mathrm{d}h}=1-\frac{aQ^2B}{gA^3}=1-\frac{av^2}{g\bar{h}}=1-Fr^2 \tag{6-25}$$

由此可得用断面比能判别流态类型的标准为：

当 $Fr^2=1$，$\dfrac{\mathrm{d}E_\mathrm{s}}{\mathrm{d}h}=0$ 时，流态为临界流；

当 $Fr^2<1$，$\dfrac{\mathrm{d}E_\mathrm{s}}{\mathrm{d}h}>0$ 时，流态为缓流；

当 $Fr^2>1$，$\dfrac{\mathrm{d}E_\mathrm{s}}{\mathrm{d}h}<0$ 时，流态为急流。

（2）临界水深及其计算

临界水深是指在断面形式和流量给定的条件下，相应于断面比能为最小值时的水深。

由断面比能曲线（图 6-19），在曲线的上半支，$h>h_\mathrm{k}$，E_s 随水深 h 的增加而增加，即 $\dfrac{\mathrm{d}E_\mathrm{s}}{\mathrm{d}h}>0$；在曲线的下半支，$h<h_\mathrm{k}$，$E_\mathrm{s}$ 随水深 h 的增加而减小，即 $\dfrac{\mathrm{d}E_\mathrm{s}}{\mathrm{d}h}<0$。

从而得出由临界水深判别明渠水流流态的方法，即 $h>h_\mathrm{k}$，水流为缓流；$h=h_\mathrm{k}$，水流为临界流；$h<h_\mathrm{k}$，水流为急流。

在临界流状态，由式（6-25）可得临界状态的水深计算公式，即

$$\frac{\mathrm{d}E_\mathrm{s}}{\mathrm{d}h}=1-\frac{aQ^2B}{gA^3}=0 \tag{6-26}$$

式（6-26）也可改写为

$$\frac{aQ^2}{g}=\frac{A_\mathrm{k}^3}{B_\mathrm{k}} \tag{6-27}$$

式中，A_k 为临界流时的过水面积；B_k 为水面宽度；h_k 为临界水深。

注意：h_k 与渠道断面形状、尺寸、流量有关，与 n、i 无关。

① 矩形断面渠道。由式（6-27）可得

$$h_\mathrm{k}=\sqrt[3]{\frac{\alpha Q^2}{gb^2}}=\sqrt[3]{\frac{\alpha q^2}{g}} \tag{6-28}$$

式中，$q=Q/b$，称为渠道单宽流量，$\mathrm{m^3/s\cdot m}$；b 为矩形渠道宽度。

临界流条件下，矩形明渠水深、流速以及断面比能间关系

$$E_\mathrm{smin}=h_\mathrm{k}+\frac{\alpha v^2}{2g}=h_\mathrm{k}+\frac{gh_\mathrm{k}}{2g}=\frac{3}{2}h_\mathrm{k}$$

② 任意断面渠道。式（6-27）为含 h_k 的高次隐函数式，不能直接求解 h_k。

有两种求解方法，即试算法和图解法。

a. 试算法。当给定流量 Q 及断面形状、尺寸后，式（6-21）的左端 $\dfrac{aQ^2}{g}$ 为一定值，该式右端 $\dfrac{A_\mathrm{k}^3}{B_\mathrm{k}}$ 仅是水深的函数。所以，可以假定若干个水深 h，从而可以算出若干个与之对应的 $\dfrac{A^3}{B}$ 值，

当某一 $\dfrac{A^3}{B}$ 值刚好与 $\dfrac{aQ^2}{g}$ 相等时，其相应的水深即为所求的临界水深 h_k。

b. 图解法。图解法的实质与试算法相同。当假定不同的水深 h 时，可以得出若干个相应的 $\dfrac{A^3}{B}$ 值，以 $\dfrac{A^3}{B}$ 为横轴，h 为纵轴，将这些 $\left(h,\dfrac{A^3}{B}\right)$ 绘制成关系曲线。在该曲线的 $\dfrac{A^3}{B}$ 轴上，量取值为 $\dfrac{aQ^2}{g}$ 的长度，由此引铅垂线与曲线相交，则交点所对应的 h 值即为所求的临界水深 h_k，如图 6-20 所示。

图 6-20　图解法

【例 6-8】一矩形断面明渠，流量 $Q=30\text{m}^3/\text{s}$，底宽 $b=8\text{m}$。

（1）用计算及图解法求渠中临界水深；

（2）计算渠中实际水深 $h=3\text{m}$ 时，水流的弗汝德数、微波波速，并据此从不同的角度来判别水流的流态。

解：（1）求临界水深

单宽流量：$q=\dfrac{Q}{b}=\dfrac{30}{8}=3.75(\text{m}^3/\text{s})$

临界水深：$h_k=\sqrt[3]{\dfrac{\alpha q^2}{g}}=\sqrt[3]{\dfrac{1\times(3.75)^2}{g}}=1.13(\text{m})$

（2）当渠中水深 $h=3\text{m}$ 时

渠中流速：$v=\dfrac{Q}{bh}=\dfrac{30}{8\times3}=1.25(\text{m/s})$

弗汝德数：$Fr=\sqrt{\dfrac{v^2}{gh}}=\sqrt{\dfrac{1.25^2}{9.8\times3}}=0.23<1$，故渠中水流为缓流。

微波波速：

$v_w=\sqrt{gh}=\sqrt{9.8\times3}=5.42(\text{m/s})>v$，微波可以向上游传播，故渠中水流为缓流。

水深：$h_k=1.13\text{m}<h=3\text{m}$，故渠中水流为缓流。

【例 6-9】一梯形断面渠道，底宽 b 为 5m，边坡系数 m 为 1。分别计算通过流量 Q_1 为 $10\text{m}^3/\text{s}$，Q_2 为 $15\text{m}^3/\text{s}$，Q_3 为 $20\text{m}^3/\text{s}$ 时的临界水深。

解：（1）绘制 $h\text{-}\dfrac{A^3}{B}$ 关系曲线

因 $\dfrac{A^3}{B}=f(h)$，对梯形断面

$$B=b+2mh$$
$$A=(b+mh)h$$

先假定若干 h，计算相应的 $\dfrac{A^3}{B}$ 值，计算成果见表 6-5。

表6-5　$\dfrac{A^3}{B}$ 计算值

水深 h/m	水面宽 B/m	过水面积 A/m²	A^3/B
0.4	5.8	2.16	1.74
0.6	6.2	3.36	6.12
0.8	6.6	4.64	15.14
1.0	7.0	6.00	30.86
1.2	7.4	7.44	55.65

根据表中数值，绘制 h-$\dfrac{A^3}{B}$ 关系曲线，如图 6-21 所示。

（2）计算各级流量下的 $\dfrac{Q^2}{g}$ 值，并由图 6-21 中查读临界水深。

图6-21　h-$\dfrac{A^3}{B}$ 关系曲线

当 $\dfrac{Q_1^2}{g}=\dfrac{(10\mathrm{m^3/s})^2}{9.8\mathrm{m/s^2}}=10.2\mathrm{m^5}$ 时，由图 6-21 查得 $h_{k1}=0.69\mathrm{m}$；

当 $\dfrac{Q_2^2}{g}=\dfrac{(15\mathrm{m^3/s})^2}{9.8\mathrm{m/s^2}}=23.0\mathrm{m^5}$ 时，由图 6-21 查得 $h_{k2}=0.91\mathrm{m}$；

当 $\dfrac{Q_3^2}{g}=\dfrac{(20\mathrm{m^3/s})^2}{9.8\mathrm{m/s^2}}=40.8\mathrm{m^5}$ 时，由图 6-21 查得 $h_{k3}=1.09\mathrm{m}$。

6.3.3　临界底坡

对于流量 Q、粗糙系数 n、渠道断面形状和尺寸已知的棱柱形渠道，如果水流的正常水深 h_0 恰好等于临界水深 h_k，则相应的渠道坡度称为临界底坡，用 i_k 表示。

临界底坡是一个假想底坡，与渠道实际底坡无关，仅与渠道流量 Q、粗糙系数 n、断面形状、尺寸有关。不同的底坡 i 有相应的正常水深 h_0，底坡 i 越大，正常水深 h_0 越小，如图 6-22 所示。

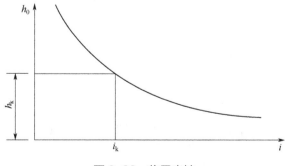

图6-22　临界底坡

由明渠均匀流基本公式（6-5）和临界水深的计算公式（6-27）可知

$$\begin{cases} Q = A_k C_k \sqrt{R_k i_k} = K_k \sqrt{i_k} \\ \dfrac{A_k^3}{B_k} = \dfrac{\alpha Q^2}{g} \end{cases}$$

可以推导出

$$i_k = Q^2 / \left(C_k^2 A_k^2 R_k \right) = Q^2 / K_k^2 = \frac{gA_k^3}{aB_k K_k^2} = \frac{gA_k^3}{aB_k C_k^2 A_k^2 R_k} = \frac{g\chi_k}{aC_k^2 B_k} \tag{6-29}$$

式中，C_k、A_k、R_k、K_k 为对应于临界水深的谢才系数、过水面积、水力半径和流量模数。对于宽浅渠道 $\chi_k \approx B_k$，则 $i_k \approx g / \left(\alpha C_k^2 \right)$。

从式（6-29）可以看出，当渠道中的流量发生改变时，临界底坡 i_k 也随之发生改变。在顺坡渠道中，一个底坡为 i 的明渠，在同流量、同断面尺寸和同粗糙系数的情况下，与其相应的临界底坡相比较，可能有三种情况，即 $i < i_k$，$i = i_k$ 和 $i > i_k$，根据可能出现的不同情况，可将明渠的底坡分为三类：$i < i_k$，缓坡；$i = i_k$，临界坡；$i > i_k$，陡坡。

对于明渠均匀流，若 $i < i_k$，则正常水深 $h_0 > h_k$；若 $i > i_k$，则 $h_0 < h_k$；若 $i = i_k$，则 $h_0 = h_k$。所以在明渠均匀流中，也可以用正常水深与临界水深相比较判别流态，即 $i < i_k$，$h_0 > h_k$，水流为缓流；$i = i_k$，$h_0 = h_k$，水流为临界流；$i > i_k$，$h_0 < h_k$，水流为急流。

需要强调的是，这种判别只适用于明渠均匀流动，对于非均匀流动就不一定了。

不同流量（或 n）下，同一底坡可是缓坡，陡坡或临界坡；一定 Q 或 n 下，i 属哪种坡度是确定的；三种底坡上的水流可以是均匀流或非均匀流；每一种底坡可能产生非均匀缓流或非均匀急流。

上述对渠道流态的判别方法中，微波波速、弗汝德数、临界水深及比能随水深的变化，无论均匀流或非均匀流都适用。对于临界底坡作为判别标准只适用于均匀流。

【例6-10】一矩形渠道 b=5m，n=0.015，i=0.003。试计算该明渠在通过流量 Q=10m³/s 时的临界底坡，并判别渠道是缓坡或陡坡。

解：计算临界底坡 i_k

$$h_k = \sqrt[3]{\frac{\alpha Q^2}{gb^2}} = \sqrt[3]{\frac{1 \times 10^2}{9.8 \times 5^2}} = 0.742\,(\text{m})$$

$$B_k = b = 5\text{m}$$

$$A_k = bh_k = 5 \times 0.742 = 3.71\,(\text{m}^2)$$

$$\chi_k = b + 2h_k = 5 + 2 \times 0.742 = 6.49\,(\text{m})$$

$$R_k = \frac{A_k}{\chi_k} = \frac{3.72}{6.49} = 0.573\,(\text{m})$$

$$C_k = \frac{1}{n} R_k^{\frac{1}{6}} = \frac{1}{0.015} \times 0.573^{\frac{1}{6}} = 60.76\,(\text{m}^{0.5}/\text{s})$$

$$i_k = \frac{g\chi_k}{\alpha C_k^2 B_k} = \frac{9.8 \times 6.49}{1 \times 60.76^2 \times 5} = 0.00344$$

$$i = 0.003 < i_k$$

所以，渠道底坡为缓坡。

6.3.4　水跃与水跌

　　明渠水流有两种流动状态——缓流和急流。工程上，由于边界条件的变化，导致流动状态由急流突变为缓流或者由缓流突变为急流。前者水流从急流向缓流过渡时，水面突然跃起的现象，称为水跃（见图 6-23），如闸、坝及陡槽等泄水建筑物下游常有水跃产生。后者水流从缓流过渡到急流，称为水跌（图 6-24），常见于底坡突然变陡，末端有跌坎或水流自水库进入陡坡及坝顶溢流处。下面对水跃的特征进行详细介绍。

图 6-23　水跃

图 6-24　水跌

（1）水跃现象

　　明渠中由急流过渡为缓流时，发生的水流局部突变现象为水跃。从水闸或溢流坝下泄的急流受到下游渠道缓流的顶托便发生水跃。水跃区域如图 6-25 所示，在很短的距离内，水深急剧增加，流速相应减小。水跃区的上部不断翻腾旋滚，因掺入空气而呈白色，称为"表面水滚"。水跃区的下部是主流，是流速急剧变化的区域。这两部分的交界面上流速梯度很大，紊动混掺强烈，液体质点不断地穿越交界面进行交换。由于水跃内部水体的强烈摩擦混掺而消耗大量机械能，可达跃前断面急流能量的 60%～70%，因此通常把水跃作为消能的有效方式之一。

图 6-25　水跃区域

确定水跃区的几何要素有：

跃前水深 h'——跃前断面（表面水滚起点所在的过水断面）的水深；

跃后水深 h''——跃后断面（表面水滚终点所在的过水断面）的水深；

水跃长度 L_j——跃前断面和跃后断面间的距离；

水跃高度 a——跃前和跃后断面的水深之差，$a = h'' - h'$。

（2）水跃方程

由于水跃中能量损失很大，不可忽略，而又未知，故不能应用能量方程求解，必须应用动量方程推导跃前水深与跃后水深之间的关系。

针对水跃的实际情况，需要做如下假设：

① 水跃区渠道壁面摩擦阻力较小，忽略不计；

② 跃前、跃后断面为渐变流断面，则断面上的动水压强分布规律与静水压强的分布规律相同；

③ 跃前、跃后断面的动量修正系数均为 1，即 $\beta_1 = \beta_2 = 1$。

取跃前 1—1 断面和跃后 2—2 断面之间水体为控制体（见图 6-26），列水流流动方向的动量方程：

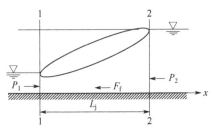

图 6-26　控制体

$$\sum F = P_1 - P_2 - F_f = \rho Q (\beta_2 v_2 - \beta_1 v_1) \qquad (6\text{-}30)$$

由于不计壁面摩擦力，动水压力 $P_1 = \rho g h_{c1} A_1$，$P_2 = \rho g h_{c2} A_2$，代入式（6-30）得

$$\frac{\rho g}{g} Q (\beta_2 v_2 - \beta_1 v_1) = P_1 - P_2 - F_f = \rho g h_{c1} A_1 - \rho g h_{c2} A_2 \qquad (6\text{-}31)$$

式中，A 为过水断面的面积；h_c 为相应于过水断面面积 A 上形心点水深；v 为相应于跃前、后过水断面的平均流速；1，2 对应跃前和跃后断面。

将式（6-31）消去 ρg，并将 $v_1 = \dfrac{Q}{A_1}$ 和 $v_2 = \dfrac{Q}{A_2}$ 代入整理，则得到棱柱形渠道水平明渠水跃的基本方程：

$$\frac{Q^2}{g A_1} + h_{c1} A_1 = \frac{Q^2}{g A_2} + h_{c2} A_2 \qquad (6\text{-}32)$$

式（6-32）中，h_c 和 A 都是水深的函数，Q 和 g 均为常数，所以可以写成下式

$$\frac{Q^2}{gA} + h_c A = J(h) \qquad (6\text{-}33)$$

$J(h)$ 称为水跃函数，水跃方程可化为 $J(h') = J(h'')$，h'、h'' 分别是跃前和跃后水深，是使水跃函数相等的两个水深，这一对水深称为共轭水深。类似比能曲线的方法，可以画出水跃函数的曲线，如图 6-27 所示。从图中可以看出，跃前水深越小，对应的跃后水深越大；反之，跃前水深越大，对应的跃后

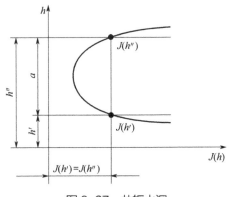

图 6-27　共轭水深

水深越小。

（3）水跃计算

① 共轭水深计算。共轭水深计算是各项水跃计算的基础，一般采用图解法。若已知共轭水深中的一个（跃前水深或跃后水深），算出这个水深的水跃函数 $J(h')$ 或 $J(h'')$，再由式（6-33）求解另一个共轭水深。

以矩形断面渠道为例计算矩形断面的共轭水深。

设矩形断面渠道，$A=bh$，$q=\dfrac{Q}{b}$，$h_c=\dfrac{h}{2}$，代入到水跃方程式（6-32）中，得

$$\frac{q^2}{gh'}+\frac{1}{2}h'^2=\frac{q^2}{gh''}+\frac{1}{2}h''^2$$

整理，并解二次方程得

$$h'=\frac{h''}{2}\left(\sqrt{1+\frac{8q^2}{gh''^3}}-1\right) \tag{6-34}$$

$$h''=\frac{h'}{2}\left(\sqrt{1+\frac{8q^2}{gh'^3}}-1\right) \tag{6-35}$$

式中，$\dfrac{q^2}{gh'^3}=\dfrac{v_1^2}{gh'}=Fr_1^2$；$\dfrac{q^2}{gh''^3}=\dfrac{v_1^2}{gh''}=Fr_2^2$。

则代入式（6-34）及式（6-35）得

$$h'=\frac{h''}{2}\left(\sqrt{1+8Fr_2^2}-1\right) \tag{6-36}$$

$$h''=\frac{h'}{2}\left(\sqrt{1+8Fr_1^2}-1\right) \tag{6-37}$$

$$\eta=\frac{h_2}{h_1}=\frac{1}{2}\left(\sqrt{1+8Fr_1^2}-1\right) \tag{6-38}$$

式中，η 为共轭水深比；Fr_1、Fr_2 为跃前和跃后水流的弗汝德数。

② 水跃长度计算。在水跃区域，水流紊动强烈，底部流速较大，对渠底的破坏较大，一般需设置护坦保护。跃后段也需铺设海漫以免河床底部冲刷。由于护坦和海漫长度均与跃长有关，故其确定是十分重要的。由于水跃现象的复杂性，迄今还没有一个较完善的理论公式，仍以经验公式为主。由于跃后断面选择标准不同，跃后位置非绝对固定且水面波动较大，导致经验公式很多，所得结果并不一致。

水跃长度 L_j 是指跃前断面和跃后断面间的水平距离。以矩形渠道为例列举几个水跃长度计算公式。

吴持恭公式：$\qquad L_j=10(h_2-h_1)Fr_1^{-0.32}$

欧勒佛托斯基公式：$\qquad L_j=6.9(h_2-h_1)$

陈椿庭公式：$\qquad L_j=9.4(Fr_1-1)h_1$

③ 消能计算。水跃区域表面剧烈旋滚，内部水体掺入大量空气，下部主流区流速由快变慢，急剧扩散，大量质量、动量交换；紊动掺混强烈；产生较大附加切应力，跃前断面的大部分动能转化为热能消耗，因此，水跃中会产生巨大能量损失。

跃前断面与跃后断面单位重量液体的机械能之差即水跃消除的能量，用 ΔE_j 表示。

$$\Delta E_j = \left(h' + \frac{\alpha_1 v_1^2}{2g} \right) - \left(h'' + \frac{\alpha_2 v_2^2}{2g} \right) \tag{6-39}$$

或者将式（6-28）、式（6-29）代入式（6-30）可得计算公式

$$\Delta E_j = \frac{(h'' - h')^3}{4h'h''} \tag{6-40}$$

【例 6-11】一矩形断面平底渠道，底宽 $b=2.0$m，流量 $Q=10$m³/s，当渠中发生水跃时，跃前水深 $h_1=0.065$m。求跃后水深 h_2，水跃长度 L_j 及能量损失。

解：单宽流量 $q = \dfrac{Q}{b} = \dfrac{10}{2.0} = 5.0(\text{m}^2/\text{s})$

跃前断面平均流速 $v_1 = \dfrac{q}{h_1} = \dfrac{5.0}{0.65} = 7.69(\text{m/s})$

则跃前断面的弗汝德数 $Fr_1 = \dfrac{v_1}{\sqrt{gh_1}} = \dfrac{7.69}{\sqrt{9.81 \times 0.65}} = 3.05$

跃后水深为

$$h_2 = \frac{h_1}{2}(\sqrt{1 + 8Fr_1^2} - 1) = \frac{0.65}{2} \times (\sqrt{1 + 8 \times 3.05^2} - 1) = 2.5\text{m}$$

水跃长度为

$$L_j = 9.4(Fr_1 - 1)h_1 = 9.4 \times (3.05 - 1) \times 0.65 = 12.5\text{m}$$

水跃能量损失为

$$\Delta E = \frac{(h_2 - h_1)^3}{4h_1h_2} = \frac{(2.5 - 0.65)^3}{4 \times 0.65 \times 2.5} = 0.974\text{m}$$

6.4 棱柱形渠道非均匀渐变流水面曲线变化分析

讨论　在分析棱柱形渠道非均匀流水面曲线时，怎样分区？怎样确定控制水深？怎样判断水面线变化趋势？

利用明渠均匀流水深、临界水深进行分区。利用棱柱形渠道非均匀渐变流微分方程来判别水面曲线的变化规律。

学习目标

掌握棱柱体渠道水面曲线的分类、分区和变化规律，能正确进行水面线定性分析，了解水面线衔接的控制条件；能进行水面线定量计算。

人工渠道或者天然河道中的绝大多数是非均匀流。其特点是底坡线、水面线、总水头线彼

此不平行。若流线接近平行直线，流线夹角小则为非均匀渐变流；若流线曲率半径大，流线夹角很大则为非均匀急变流。

　　明渠非均匀流水深沿程变化，水面线 $h = f(s)$ 是和渠底不平行的曲线，称为水面曲线。水深沿程的变化有很多种情况，直接关系到堤防的高度、河渠的淹没范围等诸多工程问题。分析研究水深沿程的变化规律是明渠非均匀流的主要研究内容，主要从定性和定量两个方面进行分析。前者确定水面曲线的变化趋势，后者定量绘制出水面曲线。

6.4.1　棱柱形渠道非均匀渐变流微分方程

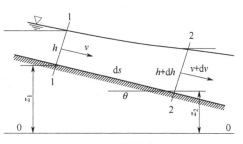

图 6-28　非均匀渐变流

　　设某段棱柱形渠道为非均匀渐变流，取过水断面 1—1，2—2，两断面之间长度为 $\mathrm{d}s$。因为是非均匀渐变流，两断面的运动要素相差微小量（图 6-28）。

　　图中，$z_2 = z_1 - i\,\mathrm{d}s$，列 1—1、2—2 断面能量方程得

$$z_1 + h\cos\theta + \frac{\alpha_1 v^2}{2g} = z_1 - i\,\mathrm{d}s + (h + \mathrm{d}h)\cos\theta + \frac{\alpha_2(v + \mathrm{d}v)^2}{2g} + \mathrm{d}h_\mathrm{f} + \mathrm{d}h_\mathrm{j} \tag{6-41}$$

令

$$\alpha_1 = \alpha_2 = \alpha$$

并且

$$\frac{\alpha_2(v + \mathrm{d}v)^2}{2g} = \frac{\alpha(v + \mathrm{d}v)^2}{2g} = \frac{\alpha(v^2 + 2v\,\mathrm{d}v + \mathrm{d}v)^2}{2g}$$

不计高阶微量，则

$$\frac{\alpha_2(v + \mathrm{d}v)^2}{2g} \approx \frac{\alpha(v^2 + 2v\,\mathrm{d}v)}{2g} = \frac{\alpha v^2}{2g} + \mathrm{d}\left(\frac{\alpha v^2}{2g}\right)$$

则式（6-41）可以改写为

$$i\mathrm{d}s = \cos\theta\,\mathrm{d}h + \mathrm{d}\left(\frac{\alpha v^2}{2g}\right) + \mathrm{d}h_\mathrm{f} + \mathrm{d}h_\mathrm{j} \tag{6-42}$$

　　式中，非均匀渐变流可认为水头损失只有沿程水头损失，$\mathrm{d}h_\mathrm{w} = \mathrm{d}h_\mathrm{f}$，采用明渠均匀流基本公式（6-5）得 $\mathrm{d}h_\mathrm{f} = \dfrac{Q^2}{K^2}\mathrm{d}s = \dfrac{v^2}{C^2 R}\mathrm{d}s$，但用两个断面的平均值计算其中的水力要素。代入式（6-42）得明渠恒定流非均匀流基本方程

$$i\mathrm{d}s = \cos\theta\,\mathrm{d}h + \mathrm{d}\left(\frac{\alpha v^2}{2g}\right) + \frac{Q^2}{K^2}\mathrm{d}s \tag{6-43}$$

　　一般明渠渠道 $i < 1/10$，$\cos\theta \approx 1$，代入式（6-43），并被 $\mathrm{d}s$ 相除得

$$i - \frac{Q^2}{K^2} = \frac{\mathrm{d}h}{\mathrm{d}s} + \frac{\mathrm{d}}{\mathrm{d}s}\left(\frac{\alpha v^2}{2g}\right) \tag{6-44}$$

　　式中，$\dfrac{\mathrm{d}}{\mathrm{d}s}\left(\dfrac{\alpha v^2}{2g}\right) = \dfrac{\mathrm{d}}{\mathrm{d}s}\left(\dfrac{\alpha Q^2}{2gA^2}\right) = -\dfrac{\alpha Q^2}{gA^3} \times \dfrac{\mathrm{d}A}{\mathrm{d}s}$。

棱柱形渠道过水断面面积 $A=f(h,s)$，所以 $\dfrac{\mathrm{d}A}{\mathrm{d}s}=\dfrac{\partial A}{\partial h}\times\dfrac{\mathrm{d}h}{\mathrm{d}s}$。

式中，$\dfrac{\partial A}{\partial h}=B$，则 $\dfrac{\mathrm{d}A}{\mathrm{d}s}=B\dfrac{\mathrm{d}h}{\mathrm{d}s}$。

$$i-\frac{Q^2}{K^2}=\frac{\mathrm{d}h}{\mathrm{d}s}+\frac{\alpha Q^2}{gA^3}B\frac{\mathrm{d}h}{\mathrm{d}s} \tag{6-45}$$

则得棱柱体渠道非均匀渐变流微分方程为

$$\frac{\mathrm{d}h}{\mathrm{d}s}=\frac{i-\dfrac{Q^2}{K^2}}{1-\dfrac{\alpha BQ^2}{gA^3}} \tag{6-46}$$

由明渠均匀流基本公式（6-5），可知 $\dfrac{\mathrm{d}h_{\mathrm{f}}}{\mathrm{d}s}=\dfrac{Q^2}{K^2}$，并且由水力坡降可知，$\dfrac{\mathrm{d}h_{\mathrm{f}}}{\mathrm{d}s}=J$，则 $J=\dfrac{Q^2}{K^2}$；

由式（6-15）可知，弗汝德数 $Fr^2=\dfrac{v^2}{gA/B}=\dfrac{\alpha Q^2}{gA^3}B$。所以，式（6-46）可改写为

$$\frac{\mathrm{d}h}{\mathrm{d}s}=\frac{i-J}{1-Fr^2} \tag{6-47}$$

式（6-46）或式（6-47）是棱柱形渠道恒定非均匀渐变流微分方程。

6.4.2　水面曲线分析

一般根据渠道条件、流量和控制断面参数确定水面线。由于明渠水面线比较复杂，必须先对水面线形状进行定性分析，这对于定量计算水面线是至关重要的。根据微分方程式（6-47），棱柱形渠道非均匀渐变流水面曲线的变化，取决于方程中分子、分母的正、负变化。分子、分母同号，$\dfrac{\mathrm{d}h}{\mathrm{d}s}>0$，水深沿程增加，称为壅水曲线。分子、分母异号，$\dfrac{\mathrm{d}h}{\mathrm{d}s}<0$，水深沿程降低，称为降水曲线。使分子或分母为零的水深，就是水面线变化规律不同区域的分界。渠道中的水深等于正常水深，即 $h=h_0$ 时，水力坡降与底坡相等，即 $J=i$，则分子 $i-J=0$。水深等于临界水深，即 $h=h_{\mathrm{k}}$ 时，弗汝德数 $Fr=1$，则分母 $1-Fr^2=0$。所以借助 N—N 线（渠道水深为正常水深 h_0，即 $h=h_0$ 时）和 K—K 线（渠道水深为临界水深 h_{k}，即 $h=h_{\mathrm{k}}$ 时）两条辅助线将流动空间进行分区。

不同的底坡类型（顺坡、逆坡和平坡），与 N—N 线和 K—K 线的相对位置密切相关，所以对水面曲线的分析需结合不同的底坡类型。

（1）顺坡（$i>0$）渠道

顺坡渠道分三类：缓坡（$i<i_{\mathrm{k}}$）、陡坡（$i>i_{\mathrm{k}}$）和临界坡（$i=i_{\mathrm{k}}$），所以分三种情况进行水面曲线分析。

① 缓坡（$i<i_{\mathrm{k}}$，图 6-29）。对于缓坡渠道，$i<i_{\mathrm{k}}$，渠道正常水深 h_0 大于临界水深 h_{k}，N—N 线与 K—K 线将水流流动空间分为 1、2、3 三个区域，根据正常水深和临界水深（控制水深）的位置关系，流动分为三个区域，形成三种情况的水面线。

图 6-29　缓坡 $i<i_{\mathrm{k}}$

a. 1 区（$h > h_0 > h_k$）。在这一区域，水深大于正常水深，则 $i > J$，$i - J > 0$，由式（6-47）可知分子为正；水深也大于临界水深，水流流态为缓流，则 $Fr < 1$，$1 - Fr^2 > 0$，由式（6-47）可知分母为正。所以，分子、分母同时为正，则 $\dfrac{\mathrm{d}h}{\mathrm{d}s} > 0$，水深沿程增加，水面线是壅水曲线，称为 M_1 型壅水曲线 [见图 6-30（a）]。

上下游极限情况：上游 $h \to h_0$，$J \to i$，分母 $i - J \to 0$；$h \to h_0 > h_k$，$Fr < 1$，$1 - Fr^2 > 0$。所以比值 $\dfrac{\mathrm{d}h}{\mathrm{d}s} \to 0$，上游极限情况水深沿程不变，水面线以 N—N 线为渐近线。下游 $h \to \infty$，$J \to 0$，分母 $i - J \to i$；$h \to \infty$，$Fr^2 = \dfrac{v^2}{g\bar{h}} \to 0$，分子 $1 - Fr^2 \to 1$。所以比值 $\dfrac{\mathrm{d}h}{\mathrm{d}s} \to i$，下游极限情况水深沿程增加，水面线为水平线。

综上分析，M_1 型壅水曲线上游水面线以 N—N 线为渐近线，下游水面线为水平线。例如，渠道上修建的挡水建筑物，建筑物上游会出现 M_1 型壅水曲线 [见图 6-30（b）]。

（a）　　　　　　　　　　　　　（b）

图 6-30　M_1 型壅水曲线

b. 2 区（$h > h_0 > h_k$）。在这一区域，水深小于正常水深，则 $i < J$，$i - J < 0$，由式（6-47）可知分子为负；水深大于临界水深，水流流态为缓流，则 $Fr < 1$，$1 - Fr^2 > 0$，由式（6-47）可知分母为正。所以，分子、分母为异号，则 $\dfrac{\mathrm{d}h}{\mathrm{d}s} < 0$，水深沿程降低，水面线是降水曲线，称为 M_2 型降水曲线 [见图 6-31（a）]。

上下游极限情况：上游 $h \to h_0$，$J \to i$，分母 $i - J \to 0$；$h \to h_0 > h_k$，$Fr < 1$，$1 - Fr^2 > 0$，所以比值 $\dfrac{\mathrm{d}h}{\mathrm{d}s} \to 0$，上游极限情况水深沿程不变，水面线以 N—N 线为渐近线。下游 $h < h_0$，$i < J$，分母 $i - J < 0$；$h \to h_k$，$Fr \to 1$，分子 $1 - Fr^2 \to 0$。所以比值 $\dfrac{\mathrm{d}h}{\mathrm{d}s} \to -\infty$，下游极限情况水面线与 K—K 线正交，说明水深急剧降低，不再是渐变流，发生水跌现象。

综上分析，M_2 型降水曲线上游水面线以 N—N 线为渐近线，下游水面线与 K—K 线正交，发生水跌现象。例如，渠道末端有跌坎，渠道内出现 M_2 型降水曲线，形成水跌 [见图 6-31（b）]。

（a）　　　　　　　　　　　　　（b）

图 6-31　M_2 型降水曲线

c. 3 区（$h < h_k < h_0$）。在这一区域，水深小于正常水深，则 $i < J$，$i - J < 0$，由式（6-47）可知分子为负；水深小于临界水深，水流流态为急流，则 $Fr > 1$，$1 - Fr^2 < 0$，由式（6-47）可知分母为负。所以，分子、分母为同号，则 $\dfrac{\mathrm{d}h}{\mathrm{d}s} > 0$，水深沿程增加，水面线是壅水曲线，称为 M_3 型壅水曲线〔见图 6-32（a）〕。

上下游极限情况：上游水深由出流条件控制。下游 $h < h_0$，$i < J$，分母 $i - J < 0$；$h \to h_k$，$Fr \to 1$，分子 $1 - Fr^2 \to 0$，所以比值 $\dfrac{\mathrm{d}h}{\mathrm{d}s} \to \infty$，下游极限情况水面线与 K—K 线正交，说明水深急剧增加，发生水跃现象。

综上分析，M_3 型壅水曲线上游水深由出流条件控制，下游水面线与 K—K 线正交，发生水跃现象。例如，在缓坡渠道上修建挡水建筑物，下泄水流的收缩断面水深小于临界水深，急流下泄，由于阻力作用，流速沿程减小，水深沿程增加，形成 M_3 型壅水曲线〔见图 6-32（b）〕。

图 6-32　M_3 型壅水曲线

② 陡坡（$i > i_k$）。对于陡坡渠道，$i > i_k$，渠道正常水深 h_0 小于临界水深 h_k，N—N 线与 K—K 线将水流流动空间分为 1、2、3 三个区域，根据控制水深的不同，形成在三个区域有三种情况的水面曲线，见图 6-33。

a. 1 区（$h > h_k > h_0$）。用类似缓坡渠道的分析方法，由式（6-47）可知 $\dfrac{\mathrm{d}h}{\mathrm{d}s} > 0$，水深沿程增加，为壅水曲线，称为 S_1 型壅水曲线〔见图 6-33（a）〕。上游 $h \to h_k$，以很大的角度趋近于临界水深，$\dfrac{\mathrm{d}h}{\mathrm{d}s} \to \infty$，发生水跃；下游 $h \to \infty$，$\dfrac{\mathrm{d}h}{\mathrm{d}s} \to i$，水面线为水平线。

图 6-33　S 型水面曲线

b. 2 区（$h_k > h > h_0$）。由式（6-47）可知 $\dfrac{\mathrm{d}h}{\mathrm{d}s} < 0$，水深沿程降低，为降水曲线，称为 S_2 型降水曲线〔见图 6-33（a）、（b）〕。上游 $h \to h_k$，$\dfrac{\mathrm{d}h}{\mathrm{d}s} \to -\infty$，发生水跃；下游 $h \to h_0$，$\dfrac{\mathrm{d}h}{\mathrm{d}s} \to 0$，

水面线以 N—N 线为渐近线。

c. 3 区（$h_k > h_0 > h$）。由式（6-47）可知 $\dfrac{\mathrm{d}h}{\mathrm{d}s} > 0$，水深沿程增加，为壅水曲线，称为 S_3 型壅水曲线 [见图 6-33（a）]。上游水深由出流条件控制；下游 $h \to h_0$，$\dfrac{\mathrm{d}h}{\mathrm{d}s} \to 0$，水面线以 N—N 线为渐近线。

③ 临界坡（$i = i_k$）。因为临界坡 $i = i_k$，$h_0 = h_k$，所以 N—N 线与 K—K 线重合，因此流动空间不存在 2 区，只有 1 区和 3 区。水面曲线分别为 C_1 型壅水曲线和 C_3 型壅水曲线 [见图 6-34（a）]，两条水面线在接近 N—N 线与 K—K 线时，都接近水平。在临界坡渠道中泄水闸门上下游将形成 C_1 和 C_3 型壅水曲线 [见图 6-34（b）]。

图 6-34 C 型水面曲线

（2）平坡（$i = 0$）渠道

在平坡渠道中，$i = 0$，所以不会发生均匀流，不存在正常水深 N—N 线，而只有临界水深 K—K 线，因此流动空间不存在 1 区，只有 2 区和 3 区，如图 6-35（a）所示。

图 6-35 H 型水面曲线

由于平坡，$i = 0$，式（6-47）可改写为

$$\frac{\mathrm{d}h}{\mathrm{d}s} = \frac{-J}{1 - Fr^2} \tag{6-48}$$

2 区（$h > h_k$），$Fr < 1$，$1 - Fr^2 > 0$，根据式（6-48）可知 $\dfrac{\mathrm{d}h}{\mathrm{d}s} < 0$，水深沿程降低，为降水曲线，称为 H_2 型降水曲线（见图 6-35）。上游水面线接近水平；下游水深接近临界水深时，发生水跌。

3 区（$h < h_k$），$Fr > 1$，$1 - Fr^2 < 0$，根据式（6-48）可知 $\dfrac{\mathrm{d}h}{\mathrm{d}s} > 0$，水深沿程增加，为壅水曲线，称为 H_3 型壅水曲线（见图 6-35）。上游水深由出流条件控制；下游接近临界水深时，发生水跃。

（3）逆坡（$i < 0$）渠道

逆坡渠道中不可能发生均匀流，因此不存在正常水深线，只有临界水深 K—K 线。同样在

逆坡渠道中，流动空间不存在 1 区，只有 2 区和 3 区。如图 6-36（a）所示。

由于逆坡，$i < 0$，式（6-47）可改写为

$$\frac{\mathrm{d}h}{\mathrm{d}s} = \frac{-|i| - J}{1 - Fr^2} \tag{6-49}$$

2 区（$h > h_k$），$Fr < 1$，分母 $1 - Fr^2 > 0$，分子 $-|i| - J < 0$。根据式（6-48）可知 $\frac{\mathrm{d}h}{\mathrm{d}s} < 0$，水深沿程降低，为降水曲线，称为 A_2 型降水曲线（见图 6-36）。上游水面线接近水平；下游水深接近临界水深时，发生水跌。

3 区（$h < h_k$），$Fr > 1$，分母 $1 - Fr^2 < 0$，分子 $-|i| - J < 0$。根据式（6-48）可知 $\frac{\mathrm{d}h}{\mathrm{d}s} > 0$，水深沿程增加，为壅水曲线，称为 A_3 型壅水曲线（见图 6-36）。上游水深由出流条件控制；下游接近临界水深时，发生水跃。

图 6-36　A 型水面曲线

6.4.3　水面曲线分析总结

综上所述，棱柱形非均匀渐变流渠道可能有 12 种水面曲线。工程中最常见的是 M_1、M_2、M_3 和 S_2 型四种。水面曲线的汇总见表 6-6。下面对水面曲线的分析进行总结。

（1）水面曲线分析的一般原则

① 棱柱形渠道恒定非均匀渐变流微分方程 $\frac{\mathrm{d}h}{\mathrm{d}s} = \frac{i - J}{1 - Fr^2}$ 是分析和计算水面曲线的理论基础，通过分析 $\frac{\mathrm{d}h}{\mathrm{d}s}$ 的单调增减性，可得到水面曲线沿程的变化趋势及两端极限情况。

② N—N 线与 K—K 线将水流流动空间分为 1、2、3 三个区域，N—N 线与 K—K 线不是渠道中的实际水面线，而是流动空间分区的界线。

③ 微分方程 $\frac{\mathrm{d}h}{\mathrm{d}s} = \frac{i - J}{1 - Fr^2}$ 在每个区域内的解是唯一的，因此，每个区域的水面曲线也是唯一的。

④ 所有 1 区和 3 区的水面曲线都是水深沿程增加的壅水曲线；2 区的水面曲线为降水曲线。

⑤ 除临界坡 C_1 型和 C_3 型水面曲线外，其余水面曲线都遵循：当水深 $h \to h_0$ 时，水面曲线以 N—N 线为渐近线；当 $h \to \infty$ 时，水面曲线以水平线为渐近线；当 $h \to h_k$ 时，水面曲线的连续性发生中断，或与水跃、水跌相连接（水面曲线与 K—K 线垂直）。

⑥ 当渠道足够长时，在非均匀流影响不到的地方，水流将形成均匀流，水深为正常水深 h_0，水面曲线为 N—N 线。

表 6-6　十二种类型的水面曲线总结

底坡		区域	水面曲线名称	水深范围	dh/ds 一般	dh/ds 向上游	dh/ds 向下游	流态	水面曲线简图	工程实例
正坡渠道	缓坡 $i<i_k$	1	M_1	$h>h_0>h_k$	>0	$\to 0$	$\to i$	缓流		
		2	M_2	$h_0>h>h_k$	<0	$\to 0$	$\to\infty$	缓流		
		3	M_3	$h<h_k<h_0$	>0		$\to\infty$	急流		
	陡坡 $i>i_k$	1	S_1	$h>h_k>h_0$	>0	$\to\infty$	$\to i$	缓流		
		2	S_2	$h_k>h>h_0$	<0	$\to\infty$	$\to 0$	急流		
		3	S_3	$h_k>h_0>h$	>0		$\to 0$	急流		
	临界坡 $i=i_k$	1	C_1	$h>h_k$	>0			缓流		
		3	C_3	$h<h_k$	>0			急流		
平坡渠道 $i=0$		2	H_2	$h>h_k$	<0	$\to 0$	$\to\infty$	缓流		
		3	H_3	$h<h_k$	>0		$\to\infty$	急流		
逆坡渠道 $i<0$		2	A_2	$h>h_k$	<0	$\to i$	$\to\infty$	缓流		
		3	A_3	$h<h_k$	>0		$\to\infty$	急流		

⑦ 水面曲线的衔接。在工程中经常会遇到几段渠道中的水面曲线衔接的问题，其中两段渠道中水面曲线的衔接是基础。沿水流方向水面曲线的衔接遵循以下原则：

a. 由缓流向急流过渡时产生水跌；

b. 由急流向缓流过渡时产生水跃；

c. 由缓流向缓流过渡时只影响上游，下游为均匀流；

d. 由急流向急流过渡时只影响下游，上游为均匀流；

e. 临界底坡渠道中的流动形态取决于相邻渠道底坡的陡缓，如果上游（或下游）相邻渠道的底坡是缓坡，则为由缓流过渡到缓流，如果上游（或下游）相邻的渠道底坡是陡坡，则为由急流过渡到急流；

f. 水库中的流动可视为缓流。

（2）水面曲线分析的步骤

① 收缩断面水深，如闸孔出流、无压涵洞进口、溢流堰下游等收缩断面水深，均可由已知条件计算确定。

② 闸、坝、桥、涵上游断面的水深，由闸孔出流公式或堰流公式确定。

③ 长直渠道中的正常水深由已知条件计算确定。

④ 根据已知条件，给出一定底坡情况下的 $N-N$ 线、$K-K$ 线（或只有 $K-K$ 线）。

⑤ 找出控制断面位置及水深。

⑥ 由控制水深所处的区域确定水面曲线的类型，由水面曲线变换规律确定水面曲线的变化趋势。

⑦ 控制断面发生的位置。在水面曲线的分析中，控制断面的位置是非常重要的。工程中常见的控制断面有：

a. 跌坎处或缓坡向陡坡转折处的水深为临界水深 h_k。

b. 渠道底坡由陡坡变为缓坡时，由于陡坡中水流为急流，缓坡中水流为缓流，水流由急流过渡到缓流时必然发生水跃。水跃自水深小于临界水深跃入大于临界水深，其间必经过临界水深。

c. 当水流自水库进入陡坡时，水库中水流为缓流，而陡坡中水流为急流，水流由缓流过渡到急流时，必经过临界水深。

【例6-12】有一梯形断面土渠（图6-37），已知流量 $Q=15.6\text{m}^3/\text{s}$，底宽 $b=10\text{m}$，边坡系数 $m=1.5$，粗糙系数 $n=0.02$，取不冲淤流速 $v=0.85\text{m/s}$。（1）试求正常水深 h_0；（2）试求底坡 i；（3）试定性绘制下面棱柱形断面长渠道中产生的水面曲线。

解：（1）因为 $A=\dfrac{Q}{v}=\dfrac{15.6}{0.85}=18.35(\text{m}^2)$，$A=(b+mh_0)h_0$。

所以：$18.35=(10+1.5h_0)h_0$

图6-37   例6-12图（一）

化简得： $1.5h_0^2 + 10h_0 - 18.35 = 0$

解得： $h_1 = \dfrac{-10 \pm \sqrt{10^2 + 4 \times 1.5 \times 18.35}}{2 \times 1.5} = \dfrac{-10 \pm 14.49}{3}$

有两个解，因负值无意义，故取 $h_1=1.5$m。

（2）因为： $R = \dfrac{A}{\chi} = \dfrac{A}{b + 2h\sqrt{1+m^2}} = \dfrac{18.35}{10 + 3 \times \sqrt{1 + 1.5^2}} = 1.2(\text{m})$

$$C = \frac{1}{n} R^{1/6} = \frac{1}{0.02} \times 1.2^{1/6} = 51.54 (\text{m}^{1/2}/\text{s})$$

所以： $i = \dfrac{Q^2}{A^2 C^2 R} = \dfrac{15.6^2}{18.35^2 \times 51.54^2 \times 1.2} = 0.00023$

（3）定性绘水面曲线

如图 6-38 所示，因 $i > i_0$，$h_0 < h$，故为陡坡渠道，上游闸门后的收缩水深 $h_{r0} < h_0$，下游阀门开度大于 h，故上游闸前产生 S_1 型水面曲线，闸后为 S_2 型水面曲线。

图 6-38　例 6-12 图（二）

【例 6-13】如图 6-39 所示两段渠道，已知 $i_1 > i_k$，$i_2 > i_k$，且 $i_1 > i_2$，上游渠道的上游水深趋近于 h_{01}，下游渠道的下游水深趋近于 h_{02}，试分析水面曲线的衔接形式。

图 6-39　例 6-13 图

分析：因为 $i_1 > i_2$，所以渠道中水深总的趋势是壅水曲线。但上游渠道中不能壅水，否则在上游渠道中的 b 区会出现壅水现象，这是不合理的。所以在 1—1 断面水深为 h_{01}，对于下游渠道，水深由 h_{01} 过渡到 h_{02}，所以出现 C_2 型壅水曲线，如图 6-39 中的实线所示。

6.4.4　明渠非均匀渐变流水面曲线的计算

上一节对水深沿程变化做出了定性分析，工程中有时还需要定量计算绘出水面线。常用计算方法有分段求和法、水力指数法和简化计算法等，以图 6-40 中 A 型水面曲线为例，介绍分段求和法对水面曲线进行定量计算。

图 6-40　A 型水面曲线

由明渠恒定流非均匀流的基本方程式，即

$$i\,ds = \cos\theta\,dh + d\left(\frac{\alpha v^2}{2g}\right) + \frac{Q^2}{K^2}ds\,，\quad 则\quad \frac{dE_s}{ds} = i - \overline{J}\,。$$

其中，$E_s = h\cos\theta + \dfrac{\alpha v^2}{2g}$；$\quad \overline{J} = \dfrac{Q^2}{K^2} = \dfrac{v^2}{C^2 R}$。

则得分段求和法基本公式

$$\Delta s = \frac{\Delta E_s}{i - \overline{J}} = \frac{E_2 - E_1}{i - \overline{J}} \tag{6-50}$$

式中，$\overline{J}$ 可以采用如下方法进行计算：

$$\overline{J} = (J_1 + J_2)/2\,，\quad J\big|_{i=1,2} = \frac{v^2}{C^2 R}\Big|_{i=1,2} = \frac{Q^2}{A^2 C^2 R}\Big|_{i=1,2}$$

流程总长度

$$s = \sum \Delta s = \sum \frac{E_2 - E_1}{i - J} \tag{6-51}$$

以控制断面水深作为起始水深 h_1（或 h_2），假设水深 h_2（或 h_1），计算 ΔE_s 和 $\overline{J}$，代入式（6-50），即可求出第一分段长度 Δs_1。再以 Δs_1 处断面的水深作为下一分段的起始水深，用同样的步骤可求出第二个分段的长度 Δs_2。依次计算，直到分段长度之和等于渠道的全长，即 $\sum \Delta s = s$。根据所求各个断面的水深及各分段长度，即可定量绘制出水面曲线。

【例 6-14】有一梯形断面渠道（图 6-41），长度 $L=500$m，底宽 $b=6$m，边坡系数 $m=2$，底坡 $i=0.0016$，粗糙系数 $n=0.025$，当通过流量 $Q=10\text{m}^3/\text{s}$ 时，闸前水深 $h_e=1.5$m，试按分段求和法计算并绘制水面曲线。

图 6-41　例 6-14 图

解：（1）判断水面曲线类型

对于梯形断面渠道，临界水深的计算公式为

$$h_k = \left(\frac{Q^2}{g}\right)^{1/3}\frac{(b+2mh_k)^{1/3}}{b+mh_k} = \left(\frac{10^2}{9.8}\right)^{1/3}\frac{(6+2\times 2h_k)^{1/3}}{6+2h_k} = 2.169\times\frac{(6+4h_k)^{1/3}}{6+2h_k}$$

迭代得 $h_k = 0.6115$m。

正常水深为

$$h_0 = \left(\frac{nQ}{\sqrt{i}}\right)^{3/5} \frac{(b+2\sqrt{1+m^2}h_0)^{2/5}}{b+mh_0} = \left(\frac{0.025\times10}{\sqrt{0.0016}}\right)^{3/5} \frac{(6+2\sqrt{1+2^2}h_0)^{2/5}}{6+2h_0} = 3.003\times\frac{(6+2\sqrt5 h_0)^{2/5}}{6+2h_0}$$

迭代得 $h_0 = 0.9632$m。

因为 $h_0 > h_k$，所以渠道属于缓坡渠道。又因为下游水深大于正常水深，所以水面为 A_1 型壅水曲线。曲线的上游端以正常水深为渐近线，曲线的下游端以水平线为渐近线。在计算水面线时，取曲线上游端比正常水深稍大一点，即取 $h = 0.97$m。

（2）计算水面线

$$\Delta s = \frac{\Delta E_s}{i-\bar J} = \frac{E_{s2}-E_{s1}}{i-\bar J}$$

$$E_s = h\cos\alpha + \frac{Q^2}{2gA^2} \approx h + \frac{Q^2}{2gA^2} = h + \frac{10^2}{2\times9.8A^2} = h + \frac{5.102}{A^2}$$

$$A = (b+mh)h = (6+2h)h$$

$$\chi = b+2\sqrt{1+m^2}h = 6+2\sqrt{1+2^2}h = 6+2\sqrt5 h$$

$$R = \frac{A}{\chi} = \frac{(6+2h)h}{6+2\sqrt5 h}$$

现以 $h_2 = 1.5$m，$h_1 = 1.4$m 和有关数据代入以上各式，求两断面之间的距离 $s_{1\text{-}2}$。分别求得

$$A_2 = (6+2\times1.5)\times1.5 = 13.5(\text{m}^2)；\quad A_1 = (6+2\times1.4)\times1.4 = 12.32(\text{m}^2)$$

$$\chi_2 = 6+2\sqrt5\times1.5 = 12.708(\text{m})；\quad \chi_1 = 6+2\sqrt5\times1.4 = 12.261(\text{m})$$

$$R_2 = \frac{A_2}{\chi_2} = \frac{13.5}{12.708} = 1.0623(\text{m})；\quad R_1 = \frac{A_1}{\chi_1} = \frac{12.32}{12.261} = 1.005(\text{m})$$

$$v_2 = \frac{Q}{A_2} = \frac{10}{13.5} = 0.7407(\text{m/s})；\quad v_1 = \frac{Q}{A_1} = \frac{10}{12.32} = 0.8117(\text{m/s})$$

$$C_2 = \frac1n R_2^{1/6} = \frac{1}{0.025}\times1.0623^{1/6} = 40.405；\quad C_1 = \frac1n R_1^{1/6} = \frac{1}{0.025}\times1.005^{1/6} = 40.033$$

$$\bar R = \frac12(R_1+R_2) = \frac12\times(1.005+1.0623) = 1.0337(\text{m})$$

$$\bar C = \frac12(C_1+C_2) = \frac12\times(40.033+40.405) = 40.219$$

$$\bar v = \frac12(v_1+v_2) = \frac12\times(0.8117+0.7407) = 0.7762(\text{m/s})$$

$$\bar J = \frac{\bar v^2}{\bar C^2 \bar R} = \frac{0.7762^2}{40.219^2\times1.0337} = 3.6034\times10^{-4}$$

$$E_{s1} = h_1 + \frac{5.102}{A_1^2} = 1.4 + \frac{5.102}{12.32^2} = 1.434(\text{m})$$

$$E_{s2} = h_2 + \frac{5.102}{A_2^2} = 1.5 + \frac{5.102}{13.5^2} = 1.528(\text{m})$$

$$\Delta s = \frac{E_{s2}-E_{s1}}{i-\bar J} = \frac{1.528-1.434}{0.0016-3.6034\times10^{-4}} = 75.83(\text{m})$$

其余各流段的计算完全相同，计算结果见表 6-7。

表6-7　计算水面线

h/m	A/m²	χ/m	R/m	v/(m/s)	C	$\bar{J}$/×10⁻⁴	E_s/m	ΔE_s/m	Δs/m	$\sum\Delta s$/m
1.5	13.5	12.708	1.0623	0.7407	44.405		1.528			
1.4	12.32	12.261	1.005	0.8117	40.033	3.6034	1.434	0.094	75.83	75.83
1.3	11.18	11.814	0.9463	0.8945	39.634	4.7012	1.341	0.093	82.31	158.14
1.2	10.08	11.367	0.8868	0.9921	39.207	6.2474	1.250	0.091	93.31	251.45
1.1	9.02	10.919	0.8261	1.1086	38.746	8.4793	1.163	0.087	115.68	367.13
1.0	8.0	10.472	0.7639	1.2500	38.244	11.8052	1.080	0.083	197.86	565.00
0.97	7.702	10.338	0.745	1.2984	38.085	14.775	1.056	0.024	195.92	760.92

由内插法求距闸门 500m 处的水深。由表6-7 可以看出，距闸门 500m 处的水深介于 1.0～1.1m 之间，用内插法得

$$\frac{1.1-1.0}{565-367.13}=\frac{h-1.0}{565-500}$$

解得 h=1.033m。水面曲线如图 6-41 所示。

本章小结

习题扫一扫
在线题库

本章有 4 个重点：明渠均匀流水力计算；明渠水流三种流态的判别；明渠恒定非均匀渐变流水面曲线分析和计算，这部分也是本章的难点；水跃的特性和共轭水深计算。学习中应围绕这 4 个重点，掌握相关的基本概念和计算公式。

1．明渠和明渠水流的几何特征和分类

（1）明渠水流的分类：明渠恒定均匀流；明渠恒定非均匀流；明渠非恒定流。

（2）明渠梯形断面水力要素的计算。

（3）棱柱形渠道和非棱柱形渠道。按照明渠横断面形状尺寸是否沿流程变化可将明渠分为棱柱体明渠和非棱柱体明渠两类。棱柱体明渠是指断面形状尺寸沿流程不变的长直明渠；非棱柱体明渠是指断面形状尺寸沿流程不断变化的明渠。

（4）纵断面和底坡。沿渠道中心线所做的铅垂平面与渠底的交线称为底坡线（渠底线、河底线），即明渠的纵断面。该铅垂面与水面的交线称为水面线。底坡是指沿水流方向单位长度内的渠底高程降落值，以符号 i 表示。

2．明渠均匀流计算公式

明渠均匀流计算公式是由连续性方程和谢才公式组成的，即

$$v = C\sqrt{Ri} \text{ 或 } Q = AC\sqrt{Ri} = K\sqrt{i}$$

式中，$C=\dfrac{1}{n}R^{1/6}$，K 是流量模数，它表示当底坡为 i=1 的时候，渠道中通过均匀流的流量。

3．明渠均匀流水力计算

明渠均匀流水力计算包括 3 类问题：

（1）确定已建渠道的过流能力 Q，可以应用明渠均匀流公式直接计算。

（2）确定渠道的粗糙系数 n。

（3）进行渠道断面尺寸的设计（包括正常水深 h_0、渠道底宽 b 和底坡 i 的计算）。

我们重点掌握梯形断面明渠的设计计算。正常水深 h_0、渠道底宽 b 的计算可以采用试算法、查图法、电算法等。

4．明渠水流流态及判别

明渠水流的三种流态：缓流、急流和临界流。可以用微波波速、断面比能、临界水深、临界底坡等进行判别。

5．棱柱体明渠恒定非均匀渐变流水面曲线分析

（1）棱柱体明渠渐变流水面曲线分析的基本方程是

$$\frac{\mathrm{d}h}{\mathrm{d}s} = \frac{i-J}{1-Fr^2}$$

（2）棱柱体非均匀渐变流渠道可能有 12 种水面曲线。工程中最常见的是 M_1、M_2、M_3 和 S_2 型 4 种。

习题

6-1　有一灌溉干渠，断面为梯形，底宽 $b = 2.2\mathrm{m}$，边坡系数 $m = 1.5$，实测得流量 $Q = 8.11\mathrm{m}^3/\mathrm{s}$ 时，均匀流水深 $h_0 = 2\mathrm{m}$，在 1800m 长的顺直渠段水面落差 $\Delta h = 0.5\mathrm{m}$，求渠道的粗糙系数 n。

6-2　一石渠的边坡系数 $m = 0.1$，粗糙系数 $n = 0.020$，底宽 $b = 4.3\mathrm{m}$，水深 $h = 2.75\mathrm{m}$，底坡 $i = 1/2000$，求流量和流速。

6-3　有一顶盖为拱形的输水隧洞，过水断面为矩形，宽 $b = 3.3\mathrm{m}$，粗糙系数 $n = 0.017$，底坡 $i = 0.001$，当流量 $Q = 16\mathrm{m}^3/\mathrm{s}$ 时，求水深 h；问流速是否超过 2.0m/s？

6-4　一梯形断面土渠，粗糙系数 $n = 0.0225$，边坡系数 $m = 1.5$，底坡 $i = 0.0001$，流量 $Q = 75\mathrm{m}^3/\mathrm{s}$，规定流速 $v = 0.8\mathrm{m}/\mathrm{s}$，试确定渠道的底宽和水深。

6-5　已知梯形断面渠道的流量 $Q = 30\mathrm{m}^3/\mathrm{s}$，粗糙系数 $n = 0.025$，边坡系数 $m = 1.5$，底坡 $i = 0.0009$，试分别根据水力最优断面条件和 $A/A_\mathrm{m} = 1.04$ 的实用经济断面条件选择宽深比 β，确定正常水深 h_0 和底宽 b。

6-6　有一梯形断面渠道，底宽 $b = 6\mathrm{m}$，边坡系数 $m = 2.0$，粗糙系数 $n = 0.0225$，通过流量 $Q = 12\mathrm{m}^3/\mathrm{s}$。求临界坡度 i_k。

6-7　某工程施工截流时，龙口近似为矩形断面，宽度 $b = 100\mathrm{m}$，水深 $h = 3\mathrm{m}$，流量 $Q = 2100\mathrm{m}^3/\mathrm{s}$，试计算龙口处微幅波向上游和下游传播的绝对波速，并判断水流是急流还是缓流。

6-8　某矩形断面渠道（图 6-42），底宽 $b = 5\mathrm{m}$，底坡 $i = 0.005$，分为充分长的两段，粗糙系数分别为 $n_1 = 0.0225$ 和 $n_2 = 0.015$。当流量 $Q = 5\mathrm{m}^3/\mathrm{s}$ 时，试判断两段渠道底坡的性质，并定性绘出水面曲线。

图 6-42　习题 6-8 图

6-9　梯形断面渠道，已知通过流量 $Q = 10.5\mathrm{m}^3/\mathrm{s}$，底宽 $b = 8.9\mathrm{m}$，边坡系数 $m = 1.5$，正常水深 $h_0 = 1.25\mathrm{m}$，粗糙系数 $n = 0.025$，求底坡 i 和流速 v。

第 7 章
堰流

 本章要点

○ 了解堰的分类、堰的基本功能和用途。

○ 堰流的水力计算。

○ 侧收缩和下游淹没对堰的影响。

明渠缓流中，工程上常需要修建为控制水位或流量的障壁等水工建筑物，称为堰，水经过堰顶发生溢流的水力现象称为堰流。

堰流的各项特征量如图 7-1 所示。

图 7-1　堰流

图 7-1 中，B 为上游渠道宽；b 为堰宽；H 为堰上水头；p 为堰上游坎高；δ 为堰顶厚度；h 为堰下游水深；p' 为堰下游坎高。

堰流具有如下的水力特征：

① 堰的上游水流受到堰壁的阻挡，水面壅高，势能增大；堰顶水深变小，流速变大，使动能增大，在势能转化为动能的过程中，水面有下跌的现象。

② 堰流一般从缓流向急流过渡，形成急变流。所以，堰流在水力计算时只考虑局部水头损失，不计沿程水头损失。

③ 水流流过堰顶时由于惯性力的作用，会脱离堰；由于表面张力的作用，具有自由表面，水流会收缩。

根据堰顶宽度 δ 与堰上水头 H 的比值对堰进行分类：

① 薄壁堰（$\delta/H \leqslant 0.67$），由于受到堰壁的阻挡，水流受惯性力的作用，流速方向向上弯曲，水流离开堰顶后，在重力作用下回落。堰顶与水流只有一条线的接触，堰顶对水流无影响，见图 7-2。

图 7-2　薄壁堰

② 实用堰（$0.67 < \delta/H \leqslant 2.5$），堰顶宽度对水流有一定影响，水流形成连续降落状；根据剖面的形状不同，有曲线形和折线形两种，见图 7-3。

③ 宽顶堰（$2.5 < \delta/H \leqslant 0$），堰顶宽度对水流有显著影响，在堰顶一次跌落后形成一段与堰顶近乎平行的水流；如下游水位较低，水流在流出堰顶时将产生第二次跌落，见图 7-4。

(a) 折线形

(b) 曲线形

图 7-3　实用堰

图 7-4　宽顶堰

当 $\delta > 10H$ 时，沿程水头损失不能忽略不计，不用堰流理论来解决，只能用明渠流理论解决。

7.1　堰流的基本公式

　学习目标

了解堰流公式的推导，熟悉堰流的基本公式，掌握淹没影响和侧收缩影响。

7.1.1　基本公式

以宽顶堰（图 7-5）为例，推导无侧向收缩堰流的基本公式。假定堰顶收缩断面（2—2 断面）水流为渐变流，以堰顶 0—0 断面为基准面，列堰前 1—1 断面和堰顶 2—2 断面能量方程。

$$H + 0 + \frac{\alpha_0 v_0^2}{2g} = h_{c0} + 0 + \frac{\alpha_c v_c^2}{2g} + \zeta \frac{v_c^2}{2g} \tag{7-1}$$

图 7-5　宽顶堰示意图

设作用水头 $H_0 = H + \dfrac{\alpha_0 v_0^2}{2g}$；而堰顶收缩断面水深 h_{c0} 与作用水头 H_0 有关，可以设 $h_{c0} = kH_0$。k 为修正系数，与堰口形状和过流断面的变化有关；α_0 为断面平均动能修正系数；ζ 为局部阻力系数。

所以式（7-1）可以改写为

$$H_0 - kH_0 = (\alpha_c + \zeta)\frac{v_c^2}{2g} \tag{7-2}$$

则收缩断面平均流速为

$$v_c = \frac{1}{\sqrt{\alpha_c + \zeta}}\sqrt{2g(H_0 - kH_0)} \tag{7-3}$$

收缩断面 2—2 过水断面面积 $A_c = h_{c0}b = kH_0 b$，则收缩断面流量为

$$Q = v_1 A = \frac{kH_0 b}{\sqrt{\alpha_1 + \zeta}}\sqrt{2g(H_0 - kH_0)} = \frac{k}{\sqrt{\alpha_1 + \zeta}}\sqrt{1-k}\, b\sqrt{2g}H_0^{\frac{3}{2}} \tag{7-4}$$

令流速系数 $\varphi = \dfrac{1}{\sqrt{\alpha_c + \zeta}}$；流量系数 $m = \dfrac{k}{\sqrt{\alpha_1 + \zeta}}\sqrt{1-k} = k\varphi\sqrt{1-k}$，则式（7-4）可改写为

$$Q = mb\sqrt{2g}H_0^{\frac{3}{2}} \tag{7-5}$$

式（7-3）及式（7-5）为堰流计算的基本公式，适用于堰流无侧向收缩及无淹没影响的情况；如

果堰流存在侧向收缩或堰下游水位对堰流的出水能力产生影响时，可对式 (7-3) 及式 (7-5) 进行修正。

7.1.2 淹没出流

当下游水位高于堰顶，使堰顶水深由小于临界水深变成大于临界水深，从而水流由急流变缓流，这种水流流动称为淹没出流。淹没出流具有以下特点：堰下游水位高于堰顶水位；过堰水流由急流变成缓流；堰的过水能力下降。

形成淹没出流的必要条件是下游水深高于堰顶水深，即 $h_s = h - p > 0$；形成淹没出流的充分条件是下游水深影响到堰顶水流由急流变成缓流，经试验得到淹没出流的充分条件是 $h_s = h - p' > 0.8H_0$，此时收缩断面的水深增大到 $h > h_k$，整个断面为缓流状态，成为淹没出流。

由于堰顶水流由急流变成缓流，从而降低了堰顶的过水能力，宽顶堰淹没出流的过水能力可以通过前述列能量方程的方法求出。引入淹没出流的影响系数，即淹没系数，则宽顶堰淹没出流的流量计算公式为

$$Q = \sigma_s m b \sqrt{2g} H_0^{\frac{3}{2}} \tag{7-6}$$

式中，σ_s 为淹没系数，大小取决于淹没程度的不同，与 h_s / H_0 成反比，实验得到 σ_s 与 h_s / H_0 的关系见表 7-1。

表 7-1 宽顶堰淹没系数 σ_s

h_s/H_0	0.80	0.81	0.82	0.83	0.84	0.85	0.86	0.87	0.88	0.89
σ_s	1.00	0.995	0.99	0.98	0.97	0.96	0.95	0.93	0.90	0.87
h_s/H_0	0.90	0.91	0.92	0.93	0.94	0.95	0.96	0.97	0.98	
σ_s	0.84	0.82	0.78	0.74	0.70	0.65	0.59	0.50	0.40	

7.1.3 侧收缩影响

侧收缩影响见图 7-6，当堰宽小于上游渠道宽 ($b < B$) 时，则水流流入堰口后，由于过流断面面积变化，水流在惯性的作用下，流线发生弯曲，产生附加的局部阻力，造成过流能力降低。其影响用收缩系数 ε 表示，$\varepsilon = b / B$。

宽顶堰有侧收缩的流量计算公式为

$$Q = \varepsilon m b \sqrt{2g} H_0^{\frac{3}{2}} \tag{7-7}$$

图 7-6 侧收缩影响

式中，ε 为收缩系数，与堰宽和渠道的比值 b/B、边墩的进口形状及进口断面变化有关。根据实验得到 ε 的经验公式为：

$$\varepsilon = 1 - \frac{\alpha}{\sqrt[3]{0.2 + \dfrac{p}{H}}} \sqrt[4]{\frac{b}{B}} \left(1 - \frac{b}{B}\right) \tag{7-8}$$

式中，α 为墩形系数，矩形边缘 $\alpha = 0.19$，圆形边缘 $\alpha = 0.10$。

7.2　薄壁堰

　学习目标

了解薄壁堰的分类及薄壁堰流量公式推导，熟悉薄壁堰基本公式。

薄壁堰具有稳定的水头和流量关系，常作为水力学模型实验、野外量测中的一种有效量水工具。有的临时挡水建筑物，如叠梁闸门也可近似作为薄壁堰。

曲线型实用堰的外形一般按薄壁堰水舌下缘曲线设计。因此，研究薄壁堰具有重要的实际意义。按堰口形状不同，薄壁堰分为矩形薄壁堰、三角形薄壁堰等。

（1）矩形薄壁堰

矩形薄壁堰在无侧向收缩影响时，其流量公式为：

$$Q = mb\sqrt{2g}H_0^{\frac{3}{2}} \tag{7-9}$$

式中，H_0 中隐含了流速，Q 中也含有流速，一般计算比较复杂，为计算简便，将式（7-9）改写成：

$$Q = m_0 b\sqrt{2g}H^{\frac{3}{2}} \tag{7-10}$$

式中，m_0 为已考虑流速影响的薄壁堰的流量系数，可以由实验确定。对于矩形薄壁堰，其流量系数 m_0 由法国工程师 Basin 于 1898 年提出经验公式：

$$m_0 = \left(0.405 + \frac{0.0027}{H}\right)\left[1 + 0.55\left(\frac{H}{H+p}\right)^2\right] \tag{7-11}$$

式中，H 为堰上水头，m；p 为上游堰高，m。

Basin 提出的经验公式适用于：$H = 0.25 \sim 1.24\text{m}$，$p = 0.24 \sim 0.75\text{m}$，$b = 0.2 \sim 2.0\text{m}$。

（2）三角形薄壁堰

当流量较小时，堰上水头较小，若用矩形薄壁堰，则水头过小，误差大，一般可改用三角形薄壁堰。堰口夹角可取不同值，但常用直角。

如图 7-7 所示，取微小宽度 db，设 db 处的水深为 h，则微小宽度流量为

图 7-7　三角形薄壁堰

$$dQ = m_0\sqrt{2g}h^{\frac{3}{2}}db \tag{7-12}$$

根据几何关系：$b = (H-h)\tan\frac{\theta}{2}$，$db = -\tan\frac{\theta}{2}dh$，代入（7-12）得

$$dQ = -m_0\tan\frac{\theta}{2}\sqrt{2g}h^{\frac{3}{2}}dh \tag{7-13}$$

积分得三角形薄壁堰在无侧向收缩影响时，其流量公式为：

$$Q = -2m_0 \tan\frac{\theta}{2}\sqrt{2g}\int_H^0 h^{\frac{3}{2}}\mathrm{d}h = \frac{4}{5}m_0 \tan\frac{\theta}{2}\sqrt{2g}H^{\frac{5}{2}} \tag{7-14}$$

当 $\theta = 90°$，$H = 0.05 \sim 0.25\text{m}$ 时，由实验得 $m_0 = 0.395$，则由式（7-14）得

$$Q = 1.4H^{\frac{5}{2}} \tag{7-15}$$

当 $\theta = 90°$，$H = 0.25 \sim 0.55\text{m}$ 时，则经验公式为：

$$Q = 1.343H^{2.47} \tag{7-16}$$

式中，H 为以顶点为起点的堰上水头，m；Q 为流量，m^3/s。

薄壁堰公式适用于薄壁堰水面四周均为大气（必要时设通气管与大气相通）；无侧向收缩的影响；堰流为自由出流。

薄壁堰通常用来测量渠道流量。应用方程时应该注意，水面与大气相通并且避免形成淹没出流。

7.3　实用堰

 学习目标

熟悉实用堰的基本公式，掌握宽顶堰淹没影响和侧收缩影响。

实用堰是水利工程中常见的挡水和泄水建筑物，低堰常用石料砌成折线型，高的溢流坝一般做成曲线型。实用堰流量计算即

$$Q = mb\sqrt{2g}H_0^{\frac{3}{2}} \tag{7-17}$$

式中，流量系数 m 与实用堰的具体曲线类型有关，也与堰上水头有关。一般曲线型的实用堰可取 $m_0 = 0.45$，折线型实用堰可取 $m_0 = 0.35 \sim 0.42$。

（1）淹没影响

当堰下游水位超过堰顶标高时，即 $H_s = h - p > 0$ 时发生淹没出流。设 σ_s 为与淹没程度有关的淹没系数，则淹没时实用堰的流量公式为

$$Q = \sigma_s mb\sqrt{2g}H_0^3 \tag{7-18}$$

实验得到 σ_s 与 h_s/H_0 的关系，可参考表 7-2 取值。

表 7-2　实用堰淹没系数

h_s/H_0	0.05	0.20	0.30	0.40	0.50	0.60	0.70	0.80	0.90	0.95	0.975	0.995	1.00
σ_s	0.997	0.985	0.972	0.957	0.935	0.906	0.856	0.776	0.621	0.470	0.319	0.100	0

（2）侧收缩影响

当堰宽小于堰上游渠道宽，即 $b < B$，则过堰水流发生侧向收缩，泄流能力减小。用侧收缩系数 ε 表示，则考虑侧收缩影响的实用堰流量公式为：

$$Q = m\varepsilon b\sqrt{2g}H_0^{\frac{3}{2}} \tag{7-19}$$

侧收缩系数一般取值：$\varepsilon = 0.85 \sim 0.95$。

本章小结

习题扫一扫

在线题库

明渠缓流中，工程上常需要修建为控制水位或流量的障壁等水工建筑物，称为堰，水经过堰顶发生溢流的水力现象称为堰流。

据堰顶宽度 δ 与堰上水头 H 的比值对堰进行分类：薄壁堰（$\delta/H \leqslant 0.67$）；实用堰（$0.67 < \delta/H \leqslant 2.5$）；宽顶堰（$2.5 < \delta/H \leqslant 0$）。

1. 堰流基本公式

（1）堰流的基本公式

$$Q = mb\sqrt{2g}H_0^{\frac{3}{2}}$$

适用于堰流无侧向收缩及无淹没影响。

（2）淹没影响

形成淹没出流的必要条件是下游水深高于堰顶水深，即 $h_s = h - p > 0$；形成淹没出流的充分条件是下游水深影响到堰顶水流由急流变成缓流，经实验得到淹没出流的充分条件是，$h_s = h - p' > 0.8H_0$。

宽顶堰淹没出流的流量计算公式为

$$Q = \sigma_s mb\sqrt{2g}H_0^{\frac{3}{2}}$$

式中，σ_s 为淹没系数，大小取决于淹没程度，与 h_s/H_0 成反比。

（3）侧收缩影响

宽顶堰有侧收缩的流量计算公式为

$$Q = \varepsilon mb\sqrt{2g}H_0^{\frac{3}{2}}$$

式中，ε 为收缩系数，与堰宽和渠道的比值 b/B、边墩的进口形状及进口断面变化有关。根据实验得到 ε 的经验公式为：

$$\varepsilon = 1 - \frac{\alpha}{\sqrt[3]{0.2 + \dfrac{p}{H}}}\sqrt[4]{\frac{b}{B}}\left(1 - \frac{b}{B}\right)$$

2. 薄壁堰

按堰口形状不同薄壁堰分为矩形薄壁堰、三角形薄壁堰等。

（1）矩形薄壁堰

矩形薄壁堰在无侧向收缩的影响时，其流量公式为：

$$Q = mb\sqrt{2g}H_0^{\frac{3}{2}}$$

为计算简便，将上式改写成：

$$Q = m_0 b\sqrt{2g}H_0^{\frac{3}{2}}$$

式中，m_0 为已考虑流速影响的薄壁堰的流量系数，可以由实验确定。

（2）三角形薄壁堰

三角形薄壁堰在无侧向收缩的影响时，其流量公式为：

$$Q = -2m_0 \tan\frac{\theta}{2}\sqrt{2g}\int_H^0 h^{\frac{3}{2}}\mathrm{d}h = \frac{4}{5}m_0\tan\frac{\theta}{2}\sqrt{2g}H^{\frac{5}{2}}$$

当 $\theta = 90°$，$H = 0.05 \sim 0.25$m 时，由实验得 $m_0 = 0.395$，则由式（7-14）得

$$Q = 1.4H^{\frac{5}{2}}$$

当 $\theta = 90°$，$H = 0.25 \sim 0.55$m 时，则经验公式为：

$$Q = 1.343H^{2.47}$$

式中，H 为以顶点为起点的堰上水头，m；Q 为流量，m³/s。

薄壁堰公式适用于薄壁堰水面四周均为大气（必要时设通气管与大气相通）；无侧向收缩的影响；堰流为自由出流。

薄壁堰通常用来测量渠道流量。应用方程时应该注意，水面与大气相通并且避免形成淹没出流。

3. 实用堰

实用堰是水利工程中常见的挡水和泄水建筑物，低堰常用石料砌成折线型，高的溢流坝一般做成曲线型。实用堰流量计算公式即

$$Q = mb\sqrt{2g}H_0^{\frac{3}{2}}$$

式中，流量系数 m 与实用堰的具体曲线类型有关，也与堰上水头有关。一般曲线型的实用堰可取 $m_0 = 0.45$，折线型实用堰可取 $m_0 = 0.35 \sim 0.42$。

（1）淹没影响

当堰下游水位超过堰顶标高时，即 $H_s = h - p > 0$ 发生淹没出流。设 σ_s 为与淹没程度有关的淹没系数，则淹没式实用堰的流量公式为

$$Q = \sigma_s mb\sqrt{2g}H_0^3$$

（2）侧收缩影响

当堰宽小于堰上游渠道宽，即 $b < B$，则过堰水流发生侧向收缩，泄流能力减小。用侧收缩系数 ε 表示，则考虑侧收缩影响的实用堰流量公式为：

$$Q = m\varepsilon b\sqrt{2g}H_0^{\frac{3}{2}}$$

习题

7-1　有一个无侧收缩的矩形薄壁堰，上游堰高 $P_1 = 0.5$m，堰宽 $b = 0.8$m，堰顶作用水头 $H=0.6$m，下游水位不影响堰顶出流。求通过堰的流量 Q。

7-2　某河道设置了溢流坝，如图7-8所示，已知：$H = 1.31$m，$P = 7.8$m，$h_t = 4.15$m。坝前河道断面近似矩形，河宽 $B = 100$m，边墩头部呈圆弧形。试求流量 $Q = 100$m³/s 时，堰顶宽度 b。

图 7-8　习题 7-2 图

第8章
渗流

 本章要点

- ○ 渗流及渗流模型的概念。
- ○ 达西定律及适用范围。
- ○ 地下水渐变渗流的规律。
- ○ 井渗流问题的求解。

8.1 渗流的基本概念

 学习目标

了解多孔介质的定义，熟悉渗流形态的分类，掌握渗流与渗流模型的概念。

流体在孔隙介质中的流动称为渗流，水在地表下发生在岩土孔隙中的渗流也称为地下水流动。水以气态水、附着水、薄膜水、毛细水和重力水五种形态存在于岩土中。但是，前四种水对渗流并不产生影响，它们可以认为是土壤中静态形式的水。参与地下水流动的主要是在重力作用下运动的重力水，重力水在地下水中所占比重也最大，因此地下水渗流研究的主要对象是重力水。

渗流现象广泛存在于建筑地基工程、地下工程、环保工程、水利水电工程之中，因此必须对渗流规律和特点有所了解和认识。地下水渗流是一种受到多种因素影响的复杂流动现象，其流动规律与岩土介质结构有关，也与水在地下的存在状态有关。

8.1.1 多孔介质

地下水储存于岩土的空隙中，在地下水渗流中把这样的空隙定义为"多孔介质"。多孔介质是"带有空洞的固体"，并有如下特点：

① 多相物质所占据的一部分空间。在多相物质中至少有一相不是固体，它们可能是气相和（或）液相。固相称为骨架。在多孔介质范围内没有固体骨架的那一部分空间叫作空隙空间或孔隙空间。

② 在多孔介质所占据的范围内，固相应遍及整个多孔介质，在每个表征体之中必须存在固体颗粒。多孔介质的一个基本特点是固体骨架的表面积较大；构成空隙空间的空隙比较狭窄。

③ 至少构成空隙空间的某些孔洞应当相互连通。

从上述特点或定义看出，含有孔隙水的松散沉积物，含有裂隙水的细小的节理、裂隙以及含有岩溶水的一些微小溶洞、溶孔等都可看成多孔介质。

8.1.2 渗流形态分类

由于岩土空隙形状尺度以及连通性各不相同，地下水在不同空隙中的运动状态是各不相同的。地下水在多孔介质中的运动状态根据无量纲的雷诺数（见 8.2.2）区分为层流与紊流。层流是指地下水在运动过程中流线呈规则的层状流动，而紊流是指流线无规则的运动。地下水在绝大多数情况下，实际流动的流态多为层流流态，只有在卵石层的大孔隙、宽大裂隙、溶洞以及抽水井附近当水力梯度很陡时，才出现紊流的流态。

渗流的运动要素（如水头、渗透速度、水力梯度、渗透流量等）总是随着时间和空间发生变化。运动要素的这些变化使渗流总是表现出各种各样的形态。按运动要素是否随时间发生变化，渗流可分为稳定流和非稳定流。要描述稳定流动，只需了解运动要素在空间的分布即可，而对于非稳定流动，则需了解运动要素在时间和空间上的变化。

根据流动方向不同，渗流可分为一维流（单向流）、二维流（平面流）和三维流（空间流）。单向流是指渗流只沿一个方向运动，如等厚的承压含水层中的地下水运动。平面流是指平行一个垂直平面或水平平面运动。空间流是指渗流方向不与任意直线或平面平行，这是渗流中最复杂的形式。无论是哪一种运动形式，都有可能是稳态流和非稳态流。

8.1.3   渗流模型

流体在多孔介质中流动，其流动路径相当复杂，如图 8-1（a）所示。无论理论分析或实验手段都很难确定在某一具体位置的真实运动速度，从工程应用的角度来说也没有这样的必要。对于解决实际工程问题，最重要的是要知道在某一范围内渗流的平均效果，因此提出了渗流模型的概念。所谓渗流模型是指边界形状与边界条件保持不变的条件下，假设多孔介质都被渗透水流所占有，用一种充满多孔介质的假想水流代替仅仅在多孔介质中空隙存在的真实水流，如图 8-1（b）所示。其实质在于把实际上并不充满全部空间的流体运动看作是连续空间内的连续介质运动。这样可以把流体力学中的一些概念与方法应用到地下水运动中来，如均匀流与非均匀流、恒定流与非恒定流等概念可以适用于渗流。而用模型渗流取代真实的渗流必须满足以下条件：

① 对于同一过水断面，模型的渗流量等于真实渗流量。
② 作用于模型的某一作用面的渗流压力等于真实的渗流压力。
③ 模型中两端的水头损失与真实渗流中两端的水头损失相等。

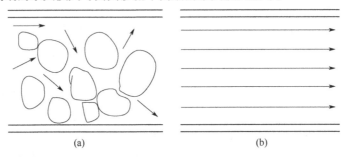

图 8-1   实际渗流与渗流模型示意图

8.2   渗流基本规律——达西定律

动画扫一扫

渗流实验
（达西定律）

 讨论   达西定律是如何得到的？

流体在多孔介质内运动的基本规律，也是从宏观角度描述渗流过程的统计规律，这个定律是 1856 年法国水利工程师达西为解决水的净化问题从大量实验中总结出来的。

学习目标

掌握达西定律的内容及适用范围，理解渗透系数的确定方法。

8.2.1 达西定律

1856 年，法国工程师达西（H. Darcy）经过大量实验，总结出了渗流的基本规律，称为达西定律。

达西实验的装置如图 8-2 所示。其设备为上端开口的直立圆筒，在圆筒侧壁相距为 l 处分别装有两支测压管，在筒底以上一定距离处装有滤板，其上装入颗粒均匀的砂土。水由上端注入圆筒，并以溢流管使筒内维持一恒定水头。通过砂土的渗流水体从排水管流入容器中，并可由此测算渗流量 Q。上述装置中通过砂土的渗流是恒定流，测压管中水面保持恒定不变。

如果圆筒横断面积为 A，则断面平均渗流流速为

$$v = \frac{Q}{A} \tag{8-1}$$

图 8-2　达西渗流实验装置

由于渗流流速 v 极微小，可以不计流速水头，因此，渗流中的总水头可用测压管水头来表示，水头损失 h_w 可以用测压管水头差来表示。即

$$h_w = \Delta H = H_1 - H_2 \tag{8-2}$$

水力坡度为

$$J = \frac{h_w}{l} = \frac{H_1 - H_2}{l} \tag{8-3}$$

达西分析大量实验资料发现，渗流流量 Q 与过水断面面积 A 以及水力坡度 J 成正比，即

$$Q = kJA \tag{8-4}$$

式中，k 为反映土的透水性质的比例系数，称为渗透系数。式（8-4）也可以写为：

$$v = kJ \tag{8-5}$$

式（8-5）即为达西公式。它表明均质孔隙介质中渗流流速与水力坡度的一次方成比例并与土的性质有关，即达西定律。

达西实验中的渗流为均匀渗流，任意点的渗流流速 u 等于断面平均渗流流速，故达西定律也可表示为

$$u = kJ \tag{8-6}$$

达西定律是从均质砂土的恒定均匀渗流实验中总结出来的，后来的大量实践和研究表明，达西定律可以近似推广到非均匀渗流和非恒定渗流中去。此时达西定律表达式只能采用针对一点的式（8-6），并应采用以下的微分形式（非恒定渗流时需采用偏微分）

$$J = -\frac{\mathrm{d}H}{\mathrm{d}s} \tag{8-7}$$

$$u = \frac{\mathrm{d}Q}{\mathrm{d}A} = kJ = -k\frac{\mathrm{d}H}{\mathrm{d}s} \tag{8-8}$$

8.2.2　达西定律的适用范围

达西定律表明渗流的水头损失与流速的一次方成正比，即水头损失与流速呈线性关系，这是流体做层流运动所遵循的规律。大量研究表明，达西定律只能适应于层流渗流，而不能适用于紊流运动。

渗流场内的流动状态，采用临界雷诺数来判定较为合理。巴甫洛夫斯基定义了如下渗流雷诺数

$$Re = \frac{1}{0.75n + 0.23} \times \frac{ud}{v} \tag{8-9}$$

式中，n 为孔隙率；u 为渗流流速；v 为运动黏度；d 为土的有效粒径，一般以 d_{10} 来代表。临界雷诺数一般取作 $Re_k = 7\sim9$。当 $Re < Re_k$ 时渗流为层流。

对于非层流渗流，可以采用如下经验公式来表达其流动规律

$$u = kJ^{\frac{1}{m}} \tag{8-10}$$

式中，m 为大于 1 的指数，与土的结构和粒径大小有关。当 $m = 2$ 时，式（8-10）代表完全紊流渗流；当 $1 < m < 2$ 时，代表层流到紊流的过渡。

以上所讨论的渗流规律，都是以土颗粒不因渗流作用而发生变形（运动或破坏）为前提的。但是，在渗流作用严重的情况下，土体颗粒可能会因渗流作用而发生运动，或土体结构因渗流而失去稳定性，这时渗流水头损失将服从另外的定律。

8.2.3　渗透系数及其确定方法

利用达西定律进行渗流计算时，首先需要知道土的渗透系数。渗透系数 k 的物理意义可理解为单位水力坡度下的渗流流速，常用 cm/s 表示。它综合反映了岩土和流体两方面对渗流特性的影响。渗透系数的大小一方面取决于孔隙介质的特性，同时也和流体的物理性质，如黏度等有关。因此 k 值将随孔隙介质、流体以及温度而变化。

确定渗透系数的方法大致有以下三类：

（1）经验法

当进行渗流初步估算缺乏可靠的实际资料时，可以参照有关规范及某些经验公式或参数表来选定 k 值。表 8-1 列出了各类土的渗透系数，可供粗略计算时参考。

表 8-1　岩土的渗透系数参考值

土名	渗透系数 k	
	m/d	cm/s
黏土	<0.005	$<6\times10^{-6}$
亚黏土	0.005~0.1	$6\times10^{-6}\sim1\times10^{-4}$

土名	渗透系数 k	
	m/d	cm/s
轻亚黏土	0.1～0.5	$1×10^{-4}～6×10^{-4}$
黄土	0.25～0.5	$3×10^{-4}～6×10^{-4}$
粉砂	0.5～1.0	$6×10^{-4}～1×10^{-3}$
细砂	1.0～5.0	$1×10^{-3}～6×10^{-3}$
中砂	5.0～20.0	$6×10^{-3}～2×10^{-2}$
均质中砂	35～50	$4×10^{-2}～6×10^{-2}$
粗砂	20～50	$2×10^{-2}～6×10^{-2}$
均质粗砂	60～75	$7×10^{-2}～8×10^{-2}$
圆砾	50～100	$6×10^{-2}～1×10^{-1}$
卵石	100～500	$1×10^{-1}～6×10^{-1}$
无填充物卵石	500～1000	$6×10^{-1}～1×10$
稍有裂隙岩石	20～60	$2×10^{-2}～7×10^{-2}$
裂隙多的岩石	>60	$>7×10^{-2}$

（2）实验室测定法

室内实验测定渗透系数通常采用图 8-2 所示达西实验装置，测得水头损失与流量后，即可按下式求得渗透系数

$$k = \frac{Ql}{Ah_w} \tag{8-11}$$

值得指出的是，实验室测定法从实际出发，比经验法可靠，但设备比较简易，土样在采集、运输等过程中难免扰动，土样的数量有限，仍难反映真实情况。

（3）现场测定法

现场测定法一般是现场钻井或试挖坑，采用抽水或压水的方式，测定其流量及水头等数值，再根据相应的理论公式反算出渗透系数值。现场测定法是较可靠的方法，可以取得大面积的平均渗透系数，但需要的设备和人力较多，通常在大型工程中采用。

8.3 地下水的渐变渗流

 学习目标

了解均匀渗流、渐变渗流的定义，掌握裘皮幼公式，理解其与达西公式的区别。

工程中渗流含水层以下的不透水地基表面一般假定为一倾斜平面，并以 i 表示其坡度，称为底坡，底坡值为倾斜面与水平面夹角的正弦值。不透水层地基上的无压渗流与地面明渠流有

相似之处，渗流含水层的上表面称为浸润面，其上各点处压强相等，这一压强值可认为等于大气压，这是无压渗流这一概念的来源。如果渗流流域广阔，过水断面（近似取为铅垂面）成为宽阔的矩形，这种渗流是二维的。顺流所作铅垂面与浸润面的交线称为浸润线，如图 8-3。

图 8-3　渗流浸润线

无压渗流可以分为均匀流与非均匀流，非均匀流又可以分成渐变渗流与急变渗流。均匀渗流指渗流水深、流速、过水断面面积形状与大小顺流不变的渗流。本节只介绍比较简单的渗流的一些特征。

8.3.1　无压均匀渗流

在均匀渗流中，地下水从上游断面流动到下游断面时，单位重量的水的位能沿程下降，其值等于水力损失，因此，均匀渗流的水力坡度 J 必然等于底坡 i。在渗流方向上应用达西定理，可以计算各断面的平均流速

$$v = kJ = ki \tag{8-12}$$

渗流流量 Q 为

$$Q = vA_0 = kiA_0 \tag{8-13}$$

式中，A_0 为地下渗流过水断面面积。

8.3.2　裘皮幼公式

图 8-4 所示为一渐变渗流。由于水深沿程变化，渗流的浸润线不再与不透水层上表面相平行。取两个距离为 ds 的过水断面，和明渠渐变流一样，两断面之间流线基本平行，长度基本相等，流线大体为直线，且沿同一流线水力损失相等。现水力坡度中两要素，即流程长度和沿程水力损失在不同流线上基本相等，因而水力坡度 J 基本为常数。达西定律显然也适合同一流线，因而同一断面上各点速度 u 也相等，这种条件下，各点 u 值显然等于由达西定律决定的断面速度平均值 v：

图 8-4　渐变渗流

$$u = v = kJ \tag{8-14}$$

式（8-14）即为裘皮幼公式。

裘皮幼公式（8-14）和达西公式（8-5）形式上相同，但它们是有区别的。达西公式适用于均匀流，裘皮幼公式则适用于渐变渗流。达西公式决定的速度 v 指断面平均流速，裘皮幼公式决定的流速 u 既指断面平均速度，也指断面各点速度。与均匀流情况不同，在渐变渗流

中，虽然在同一断面上水力坡度为常量，但不同断面的水力坡度是不一样的，即各断面上的流速大小及断面平均流速 v 是沿程变化的。渐变流的两个距离较大的过水断面上速度分布剖面均为矩形，但由于水深不等，为通过同一流量，水深较小的断面上速度比较大，矩形较宽，如图 8-4 所示。

8.4 井的渗流

 学习目标

了解井的类型及特点，理解完全普通井渗流的求解过程，掌握完全普通井渗流计算公式。

井是一种汲取地下水或排水用的构筑物。根据水文地质条件，井可分为普通井（无压井）和承压井（自流井）两种基本类型。普通井也称为潜水井，指在地表含水层中汲取无压地下水的井。井底直达不透水层称为完全井或完整井。如井底未达到不透水层则称为非完全井或非完整井。承压井指穿过一层或多层不透水层，而在有压的含水层中汲取有压地下水的井，也可视井底是否直达不透水层而分为完全井和不完全井。本节以完全普通井为例，阐述渗流理论在求解工程实际问题上的应用。

水平不透水层上的完全普通井如图 8-5 所示，其含水层深度为 H，井的半径为 r_0。当不取水时，井内水面与原地下水的水位齐平。若从井内取水，则井中水位下降，四周地下水向井渗流，形成对于井中心垂直轴线对称的漏斗形浸润面。当含水层范围很大，从井中取水的流量不太大并保持恒定时，则井中水位 h 与浸润面位置均保持不变，井周围地下水的渗流成为恒定渗流。这时流向水井的渗流过水断面，成为一系列同心圆柱面，通过井轴中心线沿径向的任意剖面上，流动情况均相同。于是对于井周围的渗流，可以按恒定一元渐变渗流处理。

图 8-5 完全普通井渗流

取半径为 r，并与井同轴的圆柱面为过水断面，设该断面浸润线高度为 z（以不透水层表面为基准面），则过水断面面积为 $A = 2\pi r z$，断面上各处的水力坡度为 $J = \dfrac{\mathrm{d}z}{\mathrm{d}r}$。根据裘皮幼公式，该渗流断面平均流速为

$$v = k\frac{\mathrm{d}z}{\mathrm{d}r} \tag{8-15}$$

通过断面的渗流量为

$$Q = Av = 2\pi r z k\frac{\mathrm{d}z}{\mathrm{d}r} \tag{8-16}$$

即

$$2z\mathrm{d}z = \frac{Q}{\pi k}\times\frac{\mathrm{d}r}{r} \tag{8-17}$$

经过所有同轴圆柱面的渗流量都等于井的出水流量，从(r, z)积分到井壁(r_0, h)

$$2\int_h^z z \mathrm{d}z = \frac{Q}{\pi k}\int_{r_0}^r \frac{\mathrm{d}r}{r} \tag{8-18}$$

得

$$z^2 - h^2 = \frac{Q}{\pi k}\ln\frac{r}{r_0} = \frac{0.732Q}{k}\lg\frac{r}{r_0} \tag{8-19}$$

由式（8-19）可以绘制沿井的径向剖面的浸润线。

浸润线在离井较远的地方逐步接近原有的地下水位。为计算井的出水量，引入井的影响半径 R 的概念：在浸润漏斗面上有半径 $r=R$ 的圆柱面，在 R 范围以外的区域，地下水面不受井中抽水影响，$z=H$，R 即称为井的影响半径。因此，完全普通井的产水量为：

$$Q = 1.366\frac{k(H^2 - h^2)}{\lg\dfrac{R}{r_0}} \tag{8-20}$$

式（8-20）中，井中水深 h 不易测量，当抽水时地下水水面的最大降落 $S = H - h$ 成为水位降深。可改写式（8-20）为

$$Q = 2.732\frac{kHS}{\lg\dfrac{R}{r_0}}\left(1 - \frac{S}{2H}\right) \tag{8-21}$$

当含水层很深时，$S/(2H)\ll 1$，式（8-21）可简化为

$$Q = 2.732\frac{kHS}{\lg\dfrac{R}{r_0}} \tag{8-22}$$

影响半径 R 最好使用抽水试验测定。在初步计算中，可采用下列经验值估算：细粒土 $R=100\sim 200$m；中粒土 $R=250\sim 700$m；粗粒土 $R=700\sim 1000$m。也可采用如下经验公式估算

$$R = 3000S\sqrt{k} \tag{8-23}$$

如果在井的附近有河流、湖泊、水库时，影响半径应采用由井至这些水体边缘的距离。对于极为重要的精确计算，最好用野外实测方法来确定影响半径。

除了抽水井外，工程中还存在将水注入地下的注水井（渗水井），主要应用于测定渗透系数和人工补给地下水以防止抽取地下水过多所引起的地面沉降。注水井与出水井的工作条件相反（$h>H$），浸润面呈倒转漏斗形。对位于水平不透水层的完整普通井，其注水量公式与式（8-20）基本相同，只是将该式中的（$H^2 - h^2$）换为（$h^2 - H^2$）即可。

本章小结

流体在孔隙介质中的流动称为渗流，水在地表下发生在岩土空隙中的渗流也称为地下水流动。地下水渗流研究的主要对象是重力水。渗流中，流体在多孔介质中的流动路径相当复杂，通常将其简化为渗流模型进行研究。

地下水在多孔介质中的运动状态，根据流线的规则与否，依据雷诺数可区分为层流与紊流。地下水在绝大多数情况下为层流流态。按运动要素是否随时间发生变化，渗流可分为稳定流和

非稳定流。根据流动方向不同，渗流可分为一维流（单向流）、二维流（平面流）和三维流（空间流）。

渗流运动的基本规律——达西定律表明：均质孔隙介质中渗流流速与水力坡度的一次方成比例并与土的性质有关。达西定律的适用范围为层流渗流。确定渗透系数的方法有：经验法、实验室测定法、现场测定法。

无压渗流可以分为均匀流与非均匀流，非均匀流又可以分成渐变渗流与急变渗流。均匀渗流指渗流水深、流速、过水断面面积形状与大小顺流不变的渗流。渐变渗流水深沿程变化，浸润线与不透水层上表面不平行，流线大体为直线，其运动规律可用裘皮幼公式表达。

井的渗流问题可以通过渗流基本规律求解。完全普通井周围的渗流，可以按恒定一元渐变渗流处理，通过推导可求得井径向剖面的浸润线方程。

习题

8-1 什么叫渗流？其形态有哪些分类？

8-2 渗流模型的建立基于哪些假定？模型渗流取代真实的渗流必须满足哪些条件？

8-3 什么叫均匀渗流？均匀渗流中水力坡度与不透水基底底坡有什么关系？

8-4 达西渗流定律和裘皮幼公式有哪些不同？

8-5 什么叫完全普通井？

参考文献

[1] 柯葵，等. 水力学. 上海：同济大学出版社，2000.

[2] 吕文舫，等. 水力学. 上海：同济大学出版社，1990.

[3] 刘鹤年. 水力学. 武汉：武汉大学出版社，2001.

[4] 于布. 水力学. 广州：华南理工大学出版社，2001.

[5] 赵振兴，等. 水力学. 3 版. 北京：清华大学出版社，2009.

[6] 杨斌，等. 桥涵水力水文. 成都：西南交通大学出版社，2004.

[7] 叶振国，等. 水力学与桥涵水文. 北京：人民交通出版社，1998.

[8] 吴持恭，等. 水力学. 北京：高等教育出版社，2008.

[9] 李家星，等. 水力学. 南京：河海大学出版社，2001.

[10] 李炜，等. 水力学. 武汉：武汉水利电力大学出版社，2000.

[11] 高海鹰. 水力学. 南京：东南大学出版社，2011.

[12] 李占松. 水力学"课程思政"本科教学设计初探. 教书育人·高教论坛，2019(03)：99-101.

[13] 张春财，杜宇.本科工学类专业课程思政教育初探. 教育教学论坛，2021.

[14] 许荫椿. 水力学. 南京：河海大学出版社，2009.

[15] 清华大学水力学教研组. 水力学上册（1980 年修订版）. 北京：高等教育出版社，1984.